EARTH SHATTERING EVENTS:
VOLCANOES, EARTHQUAKES, CYCLONES,
TSUNAMIS AND OTHER NATURAL DISASTERS

驚天動地的
地球科學
大百科

讀懂災害知識，成為環境小公民

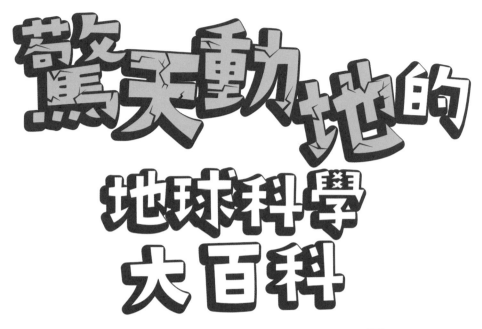

作者　羅賓‧雅各布斯 (Robin Jacobs)

繪者　蘇菲‧威廉姆斯 (Sophie Williams)

譯者　張毓如

審定　謝隆欽

目　錄

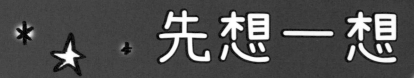

先想一想

　　無論自稱智人或人類，「我們」這個物種，都認為自己理所當然要統治地球。我們掠奪地球的資源來種植農作物、飼養牲畜、為汽車提供燃料，並且生產數以百萬計的產品用在各種不同形式的生活中。

　　然而，每隔一段時間，地球就會提醒我們，誰才是老大。我們腳下的大地會震動、搖晃，甚至崩裂。巨浪或暴雨會席捲宜人的海灘度假勝地，摧毀一切，只留下殘破的瓦礫。而數千年來，看似無害的山脈其實是火山，會噴湧出液態的岩石。

　　「天然災害」指的是對人類造成巨大衝擊的災難性事件。當火山在海底深處噴發時，我們會認為這是自然現象，而非災難。要認定為災難，必須出現財產受損、社區遭到破壞，並產生傷亡等情況。受到最多天然災害影響的人，通常是最弱勢的那群人，因為他們別無選擇，只能生活在危險地帶和搖搖欲墜的房屋中。他們在水源受到汙染或缺水時，也沒有能力購買乾淨的水或外來食品。在發展中國家，當道路或橋梁等基礎設施遭到破壞時，往往需要數十年的時間才能完全解決災難造成的損害。

　　然而，天然災害不僅會對人類造成傷害，土壤和水質的變化、被燒焦的森林，以及不斷變化的海岸線，都會對生態系統和棲息在其中的野生動物產生巨大影響。

　　由於地球的氣候變遷，天然災害變得更加頻繁，也更加嚴重（可參閱第90頁）。諷刺的是，那些最不應該為氣候變遷負責的人，往往卻被影響最深。

　　每一年當中，可能都會發生兩百到三百起的大規模災害。對此，科學家可以利用現代科技預測暴風雪、龍捲風和其他與天氣有關的災害，使受影響的人能夠及時疏散或做好準備，但是地震、海嘯、火山噴發或野火等災害的預警時間非常短，造成的結果都是災難等級。

　　我們探討的這些災害展示出大自然的巨大力量。它們可怕的破壞力讓我們了解，在地球悠久而豐富的歷史背景中，我們有多麼渺小和微不足道。這些力量提醒我們，必須永遠尊重和照顧這個最特別的星球。

地球的外層（岩石圈）由許多大塊岩石組成，稱為「板塊」，漂浮在比較軟一點的軟流圈上。我們認為腳下的地面很堅固且安全，所以會用「腳踏實地」和「根深蒂固」等成語來延伸形容可靠和永久不變的事物，但是實際上，我們腳下的板塊一直在移動，相對的位置也持續在變動。

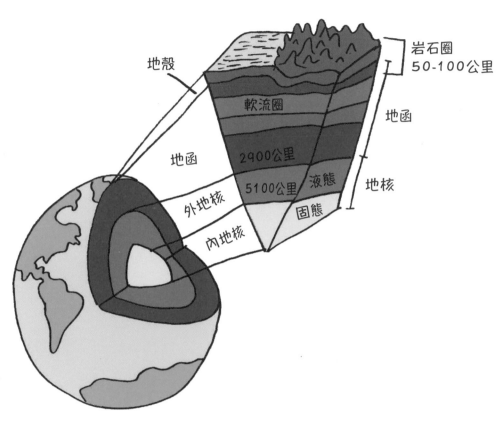

聚合性板塊邊界

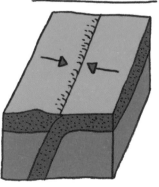

張裂性板塊邊界

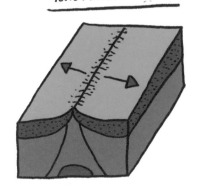

錯動性板塊邊界

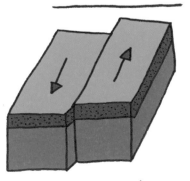

在板塊的邊界處，兩塊板塊會相互作用，可能相互推擠、拉扯、產生張裂或彼此錯動。這些相互作用導致陸地形成、地震發生、土地隆起，進而形成山脈，並構成火山，甚至讓火山噴發。

世界板塊分布地圖

北美洲板塊

皇安德富卡
板塊

加勒比板塊

科克斯
板塊

太平洋板塊

納斯卡
板塊

南美洲板塊

蘇格夏板塊

歐亞板塊

阿拉伯
板塊

印度板塊

菲律賓海板塊

非洲板塊

澳洲板塊

南極板塊

地動天搖的地震

「斷層」是一層薄薄的碎裂岩石地帶，將兩個板塊分開。當板塊相互推擠、錯動時，壓力會沿著斷層增加，直到最後岩層滑動，發生地震。

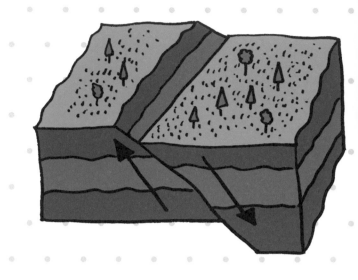

這有點像彈手指。當你將兩隻手指碰在一起並用力互相向側面推動，一開始摩擦力會阻礙手指移動，直到側向推力勝過摩擦力，你的手指就會突然滑動，並以聲波的形式釋放這股能量。

地震也是類似的原理。當板塊試圖移動時，它們會相互擠壓，最終，板塊會突然滑動，以震波的形式釋放能量，穿越岩層，導致地面晃動。

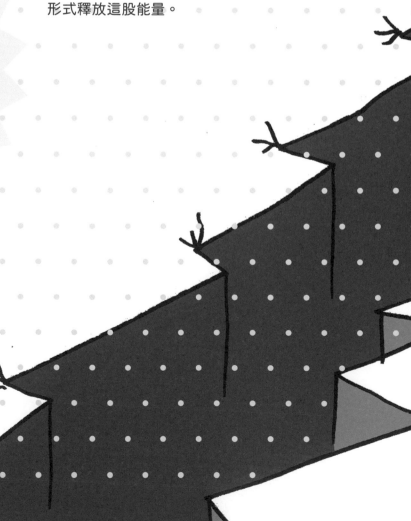

有小部分地震是由其他原因造成的。例如火山下的岩漿移動可能會引發地震；人為進行水力壓裂作業時也可能引發地震。水力壓裂法是一種將水和化學物質注入地下深處的岩石，用來提取石油或天然氣，這種作法有可能會導致基岩破裂。

水力壓裂法

天然氣儲存槽

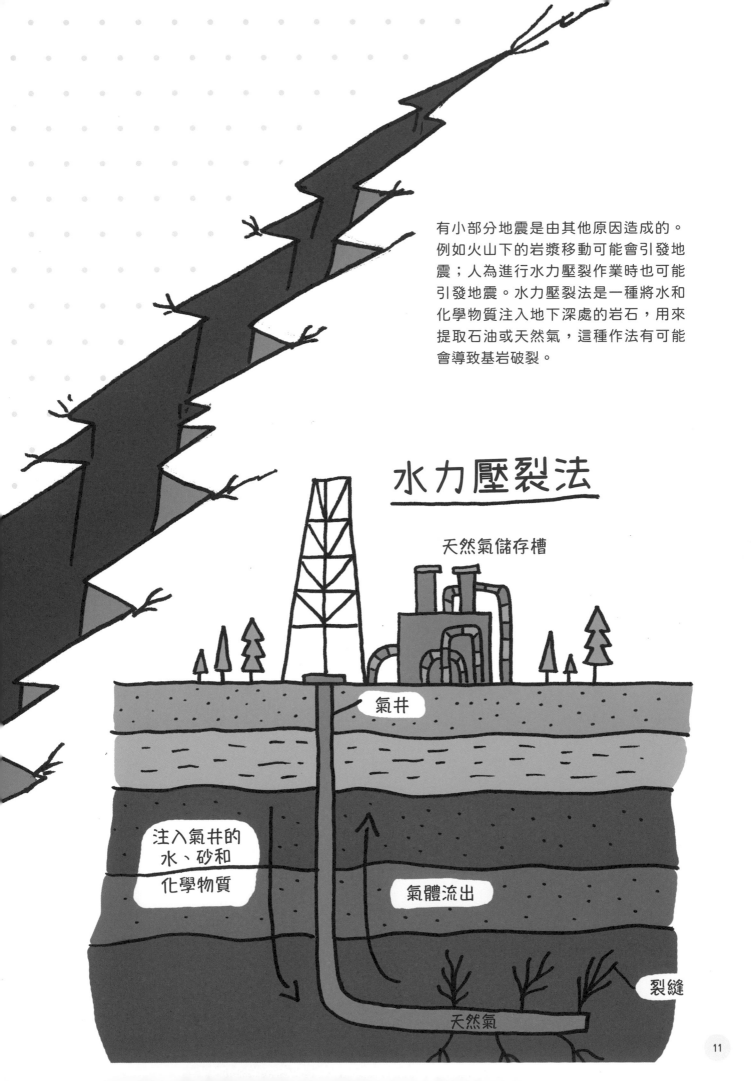

氣井

注入氣井的
水、砂和
化學物質

氣體流出

裂縫

天然氣

關於地震的神話

在印度教的神話中，地球是由八隻巨大的大象
支撐著，而大象是站在烏龜的背上保持平衡，
烏龜則站在一條盤繞的蛇身上。如果這些動物
中的任何一隻稍微移動一下，就會引發地震。

在古希臘，人們相信海神波塞
頓在盛怒之下，用三叉戟敲擊
地面，引發了地震。他也被人
們暱稱為「地震之神」。

在日本神話中，據說地震是由一種住在地底，名為
「大鯰」的巨大鯰魚所引起的。大鯰由鹿島供奉的
神明看守，當神明放鬆警戒時，大鯰就會猛烈的翻來覆
去，導致大地搖晃。

關於地震的二三事

全球每年大約會發生五十萬起可被偵測到的地震。光是在日本，每年至少會發生一千五百次地震，也就是每天大約兩到三次！而其中大多數都是規模很小的無感地震。

規模足以造成財產損失的地震，每年大約會有一百起，而規模8以上的地震平均每年發生一次（地震規模請參閱第15頁圖表）。世界上最強的地震有80%發生在太平洋板塊邊緣的一塊馬蹄狀地帶，那裡被稱為「環太平洋火山帶」（見第29頁插圖）。

大多數地震發生在距地表不到八十公里深的地方。

大部分地震的持續時間為一分鐘左右。有紀錄以來，最長的地震時間持續了十分鐘。

通常，在大地震前後，都會發生規模較小的地震，也稱為「前震」和「餘震」。餘震無法預測而且尤其危險，可能會使在主震中已經受損的建築物進一步倒塌，甚至導致山崩和地面塌陷。

測量地震的方法

在地震中產生並在地球內部傳播的衝擊波，稱為「地震波」。
研究地震的人則稱為「地震學家」。

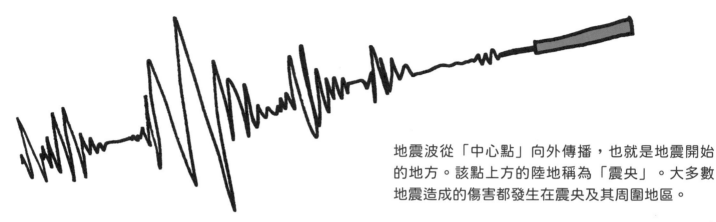

地震波從「中心點」向外傳播，也就是地震開始的地方。該點上方的陸地稱為「震央」。大多數地震造成的傷害都發生在震央及其周圍地區。

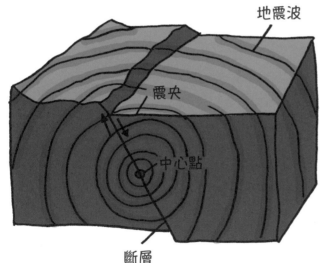

地震波
震央
中心點
斷層

地震儀記錄地震的震波，使科學家能夠測量震波的強度。

「芮氏地震規模」是根據釋放的能量來衡量地震強度的一種指標。而「地震矩規模」使用的方法類似，但是在衡量釋放的能量時，會把斷層的幾何形狀也納入考量。地震矩規模比芮氏地震規模更準確，最常用於測量大型地震。

地震儀

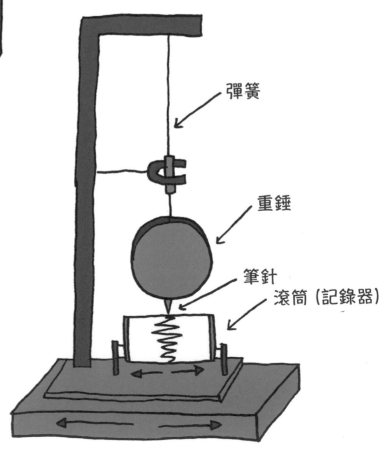

彈簧

重錘

筆針
滾筒（記錄器）

地震矩規模

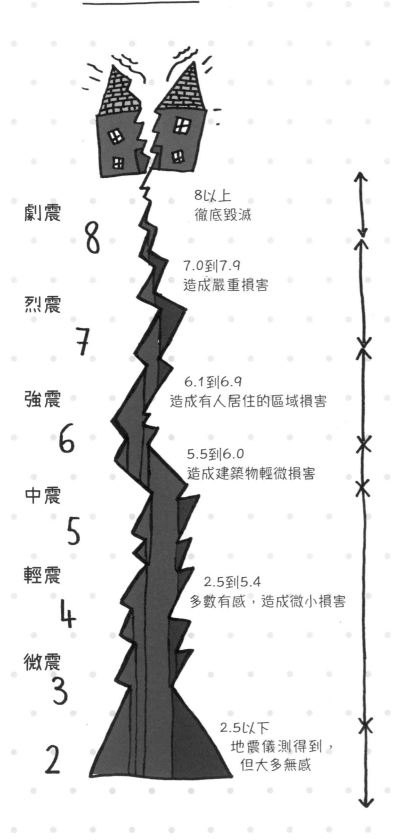

劇震

8

8以上
徹底毀滅

烈震

7

7.0到7.9
造成嚴重損害

強震

6

6.1到6.9
造成有人居住的區域損害

5.5到6.0
造成建築物輕微損害

中震

5

輕震

4

2.5到5.4
多數有感,造成微小損害

微震

3

2

2.5以下
地震儀測得到,
但大多無感

※本書提到的地震規模皆為地震矩規模。
※臺灣使用之地震分級制度請參考中央氣象署網站。

地震安全指南

趴下!

如果你在室內,請躲在桌子或長凳下,抓緊身旁的家具,如果家具移動,就跟著它一起移動。記得遠離窗戶、書櫃、懸掛物或高大沉重的家具。

掩護!

如果你在戶外,請遠離高樓、路燈和電線。

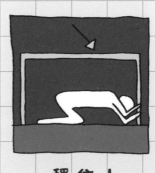

穩住!

當搖晃完全停止後,立刻前往出口。切勿搭電梯,一定要使用樓梯,並為可能發生的餘震做好準備。

地震的影響

地震發生前幾乎不會有任何預警。科學家可以預測地震發生的機率，但無法預測究竟何時會發生，也就是說，地震造成的影響很可能是毀滅性的。

地表破裂

地震會導致斷層線沿線發生地理變化。土地可能急劇上升或下降，而地表破裂是指土地沿著斷層線出現肉眼可見的裂縫。

嚴重損害

大型地震會對建築物、道路、橋梁等人造結構物造成極大破壞。造成的損害程度取決於設施的類型。1909年，義大利的美西納發生地震，幾乎導致村莊內所有的建築物倒塌，造成十萬多人死亡；而在1906年時，舊金山發生更大規模的地震，卻僅造成七百人死亡，原因是那裡的建築物比較堅固。

舊金山

義大利

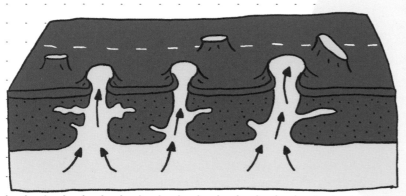

液化

地震會導致地下水與上層的土壤混合，使堅硬的地面變成類似流沙的狀態，進而導致建築物下沉或倒塌。這種效應就叫做「液化」。

火災

地震經常造成火災，因為電力線路和天然氣管線破損是引起火災的主要危險因素；而如果水壩破損，則可能導致洪水。

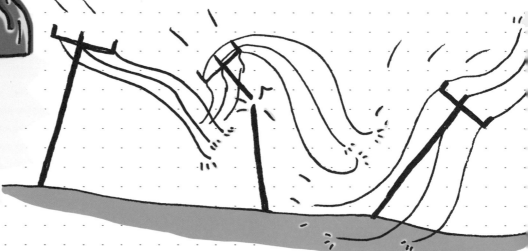

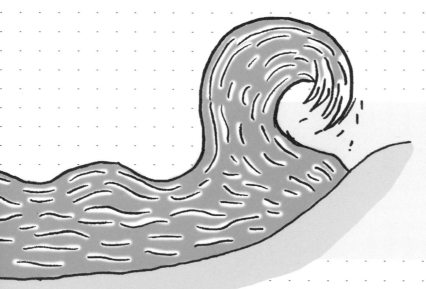

海嘯

海嘯是由地震後海水移位所引起的。這些巨大的波浪通常具有極大的破壞力。

最大且最嚴重的地震

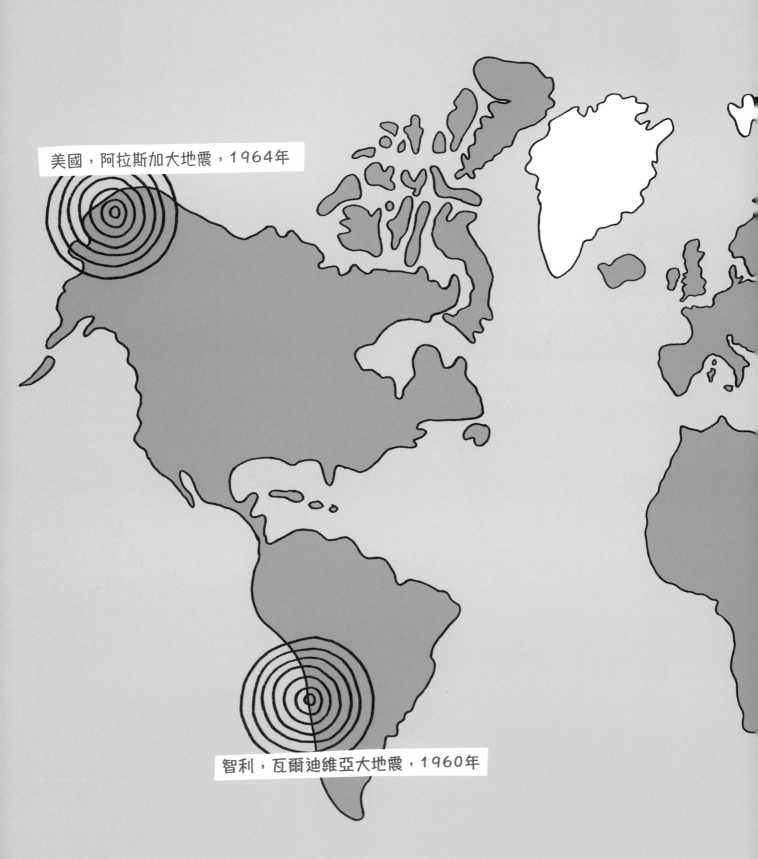

美國，阿拉斯加大地震，1964年

智利，瓦爾迪維亞大地震，1960年

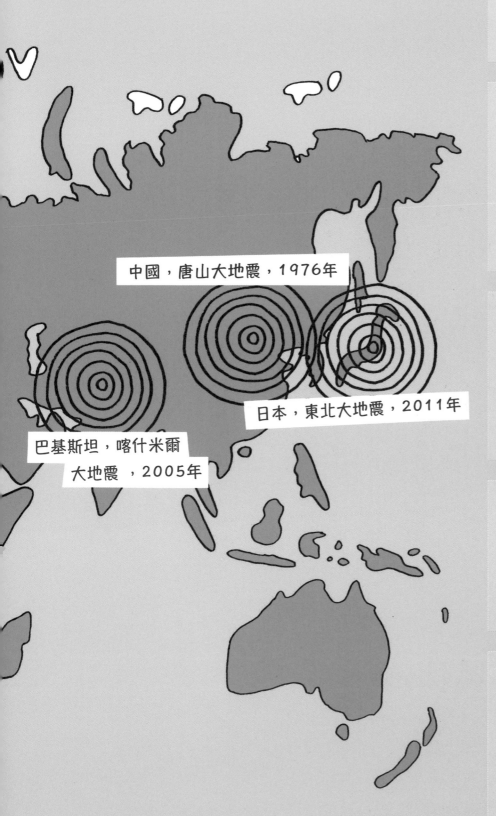

中國，唐山大地震，1976年

日本，東北大地震，2011年

巴基斯坦，喀什米爾
大地震 ，2005年

智利，瓦爾迪維亞
1960年5月22日

這是有紀錄以來最大的地震，規模為9.4。該地震造成嚴重破壞，並引發山崩、洪水和海嘯，造成至少四千多人死亡。

日本，東北地區
2011年3月11日

日本沿海發生規模9的地震，造成十二萬一千棟建築物倒塌，其中包括一座核電廠。地震威力之大，導致日本本州向東移動了約2.4公尺！

美國，阿拉斯加大地震
1964年3月27日

有紀錄以來第二強的地震，規模為9.2。該地震造成嚴重的環境破壞，但由於該地區人口稀少，除此之外幾乎沒有任何影響。

喀什米爾和巴基斯坦
2005年10月8日

規模7.6的地震襲擊了貧困的人口稠密地區，造成數千棟建築物倒塌，約八萬人死亡。

中國，唐山
1976年7月28日

規模7.6的地震襲擊了唐山市，隨處可見斷垣殘壁。市內八成以上的建築物、道路和橋梁遭到摧毀，至少二十四萬人死亡。

軒然大波的海嘯

海嘯是快速穿越海洋的巨浪，抵達岸邊時會造成嚴重的損害。
海嘯的英文「tsunami」源於日文，意指「港邊的波浪」。

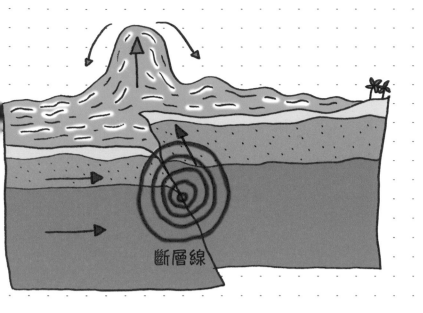

海嘯是如何形成的？

海嘯是由海水移位所引起的現象，起因通常是地震，但有時是因為火山、海底崩移或隕石撞擊。如果地震使海床上升或下降，板塊上方的海水就會產生巨大的波浪。

60公分

600公里

從海水移位的中心點會產生向外傳播的波浪，這種波浪傳播的距離非常長，最長可達六百公里，但高度較低，波峰僅三十至六十公分高，因此很難偵測到。假使你在深海的海嘯波上航行，只會注意到海水有輕微的起伏。

海嘯波的速度非常快，時速高達每小時八百公里，與噴射機一樣快！當海嘯波接近海岸時，因為與海底摩擦，導致波浪的長度縮短，高度則會迅速上升，在十分鐘內，沿岸海域的浪高會上升至三十五公尺。

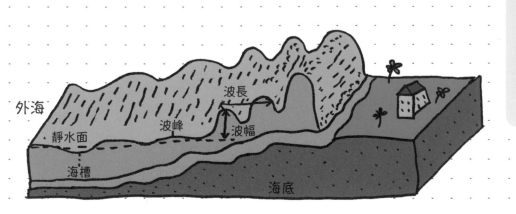

海嘯來了會發生什麼事？

如果波浪先衝擊沿岸的凹槽，就會產生類似退潮的真空效應。海水從海岸退縮，使魚類和其他生物重重摔到海底。

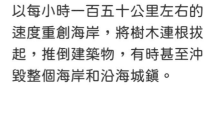

幾分鐘後，一道巨大的水牆會以每小時一百五十公里左右的速度重創海岸，將樹木連根拔起，推倒建築物，有時甚至沖毀整個海岸和沿海城鎮。

第一波過去之後，往往會有更多海嘯波接著來，有時只間隔幾分鐘，有時則會長達一小時。這種波與波之間的週期稱為「波列」。

海嘯的影響

海嘯帶來的損害有兩種，第一種是在波浪衝向海岸時，第二種是在浪潮退去時。

當大海嘯來襲時，一道水牆會猛烈襲擊沿海地區，隨後一股巨大的水流會摧毀它路徑中的一切事物。當海嘯衝進內陸時，可能會沖走建築物、汽車、樹木和電線等。如果遭遇海嘯的是低開發國家，建築物通常不夠牢固，造成的傷害就會更大。

當大水退去後，可能會留下大量的環境損害。含有鹽分的海水會毀壞河流和淡水湖泊，危害野生動物，海嘯挾帶的有害物質則會汙染土壤。若汙水處理系統和水道也受到損害，將會造成乾淨水源危機，引發霍亂等疾病，而留下的積水也可能會帶來瘧疾等其他疾病。

關於海嘯的二三事

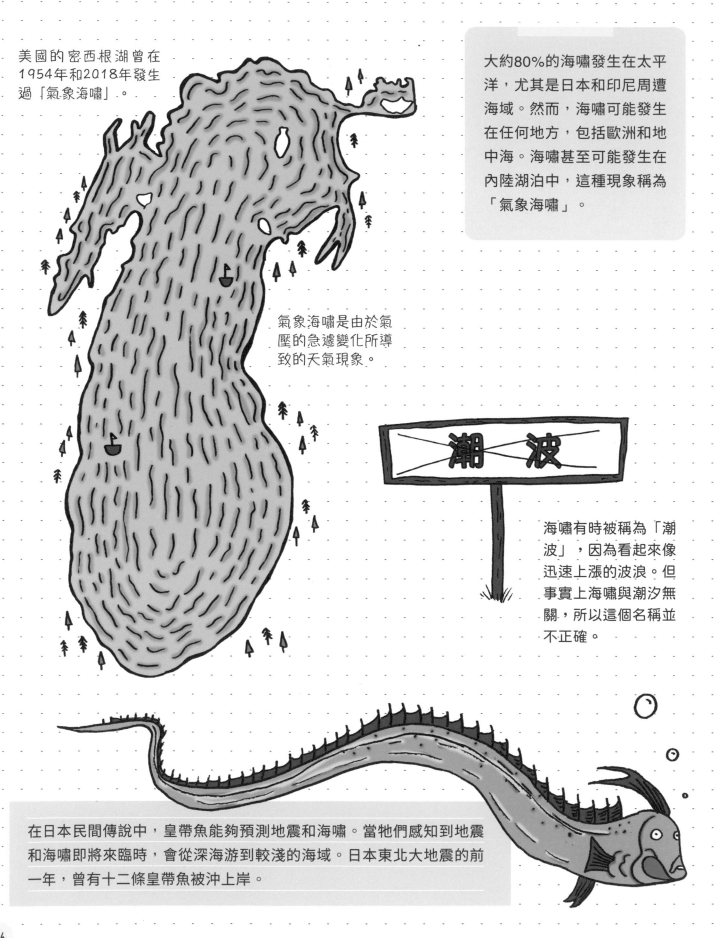

美國的密西根湖曾在1954年和2018年發生過「氣象海嘯」。

大約80%的海嘯發生在太平洋,尤其是日本和印尼周遭海域。然而,海嘯可能發生在任何地方,包括歐洲和地中海。海嘯甚至可能發生在內陸湖泊中,這種現象稱為「氣象海嘯」。

氣象海嘯是由於氣壓的急遽變化所導致的天氣現象。

潮 波

海嘯有時被稱為「潮波」,因為看起來像迅速上漲的波浪。但事實上海嘯與潮汐無關,所以這個名稱並不正確。

在日本民間傳說中,皇帶魚能夠預測地震和海嘯。當牠們感知到地震和海嘯即將來臨時,會從深海游到較淺的海域。日本東北大地震的前一年,曾有十二條皇帶魚被沖上岸。

科學家仍在探索有關海嘯的知識，他們想知道為什麼有些地震會引發海嘯，而有些則不會。這個問題至今仍未有解答，預測海嘯也仍然是個難題。

科學家觀察海平面的變化，並使用設備記錄海水的溫度和壓力，因為這些變化可能是海嘯的徵兆。然而，海嘯襲擊之前，通常幾乎沒有任何預警。自從1850年以來，大約有四十三萬人在海嘯中喪生。

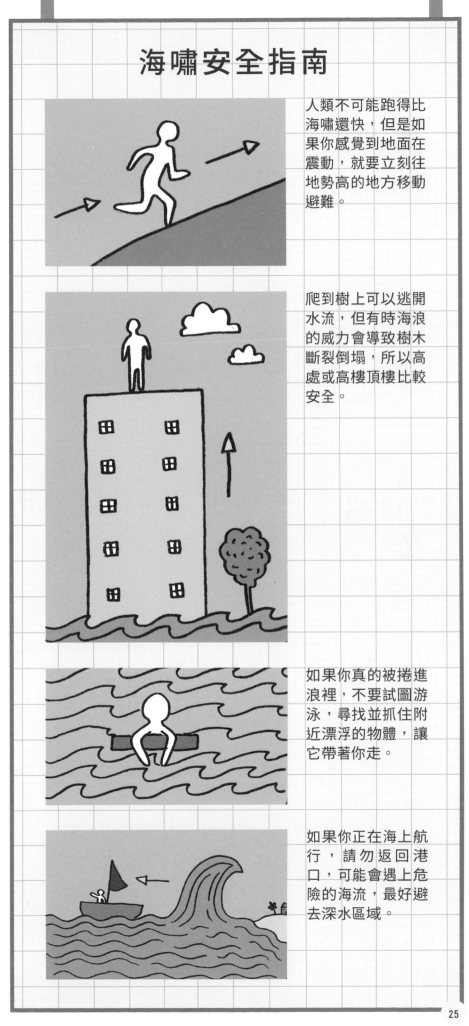

海嘯安全指南

人類不可能跑得比海嘯還快，但是如果你感覺到地面在震動，就要立刻往地勢高的地方移動避難。

爬到樹上可以逃開水流，但有時海浪的威力會導致樹木斷裂倒塌，所以高處或高樓頂樓比較安全。

如果你真的被捲進浪裡，不要試圖游泳，尋找並抓住附近漂浮的物體，讓它帶著你走。

如果你正在海上航行，請勿返回港口，可能會遇上危險的海流，最好避去深水區域。

最大且最嚴重的海嘯

美國阿拉斯加，利圖亞灣，1958年

印度洋，南亞大海嘯
2004年12月26日

印尼海岸附近發生大地震後，巨浪襲擊斯里蘭卡海岸，幾個小時後又襲擊印度洋另一邊的非洲之角，甚至連泰國、馬來西亞、孟加拉和索馬利亞等地都有災情，罹難人數超過二十萬人，是歷史上最具毀滅性的海嘯。

日本大海嘯
2011年3月11日

一場強烈的地震引發巨大的海嘯，高達十公尺的巨浪摧毀了日本東海岸，造成一萬六千多人死亡。受災最嚴重的城市是仙台。

美國，利圖亞灣大海嘯
1958年7月9日

因地震引發巨大的岩石崩塌和冰川崩塌，流入狹窄的阿拉斯加內灣。儘管沒有造成人員傷亡，但因此產生的巨浪高達525公尺，是有史以來最高的紀錄。

印尼，巽他海峽大海嘯
2018年12月22日

印尼的喀拉喀托火山噴發，造成部分崩塌並引發海嘯，襲擊印尼約三百公里的海岸線。事前沒有任何預警，造成約四百人死亡、一萬四千人受傷。

日本，2011年

印尼，巽他海峽，2018年

印度洋，2004年

蠢蠢欲動的火山

所謂火山，是指那座山的內部有路徑通往地下一大片融化的岩石，也就是「岩漿」。

岩漿比岩石輕，因此會往地球表面上升，當中的氣泡會導致岩漿內部壓力增大，就像汽水瓶一樣。隨著壓力增加，火山噴發時就會噴出岩漿。當岩漿從火山噴出後，就稱為「熔岩」。

火山的英文「volcano」源自古羅馬火神瓦爾肯（Vulcan）的名字。

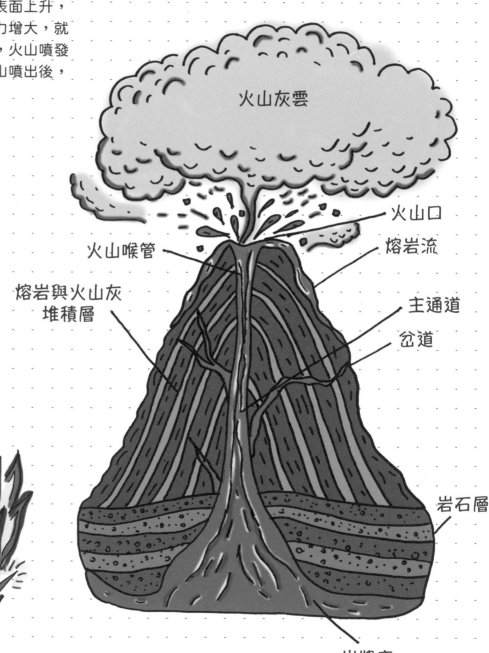

火山灰雲

火山喉管

火山口

熔岩流

熔岩與火山灰堆積層

主通道

岔道

岩石層

岩漿庫

火山通常會在板塊邊界的交會點形成。當板塊被推向另一個板塊下方，或是彼此遠離時，岩漿會強行湧進裂縫並向上流動。地球上大約有一千九百座活火山。其中約九成位於「環太平洋火山帶」上，也就是一條環繞太平洋約四萬公里長的地帶。

環太平洋火山帶

火山的類型

火山的分類

死火山 已經持續數千年沒有噴發，而且不太可能再次噴發。

休火山 過去曾有活動紀錄，但目前很平靜。

活火山 目前仍活躍中，有規律的活動（儘管不一定有大噴發）。

安地斯山脈的奧霍斯德爾薩拉多山

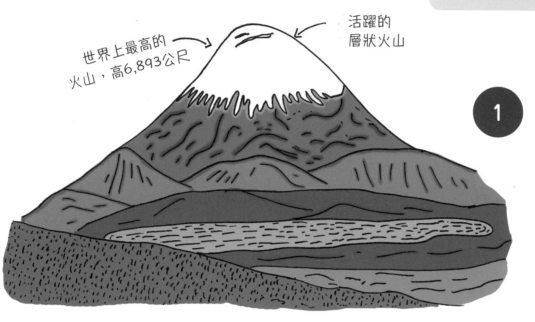

世界上最高的火山，高6,893公尺

活躍的層狀火山

1 層狀火山

層狀火山是火山中高度最高的，噴發規模也最大，原因是地表下有許多提供岩漿噴發的小通道。

奧霍斯德爾薩拉多火山是安地斯山脈中一座活躍的層狀火山，範圍橫跨智利和阿根廷。

熔岩穹丘

有些層狀火山的火山口內會有「熔岩穹丘」，是由緩慢流動的厚熔岩冷卻後，在火山口周圍形成的一個大土丘。

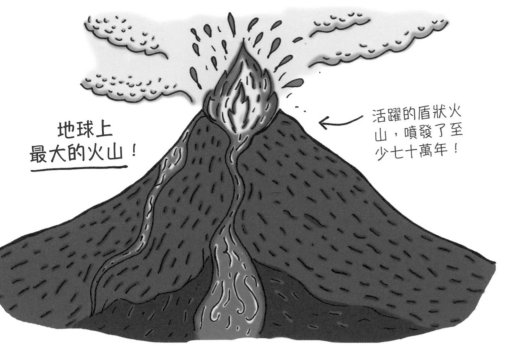

夏威夷的茂納羅亞火山

地球上
最大的火山！

活躍的盾狀火山，噴發了至少七十萬年！

盾狀火山

盾狀火山的地形寬闊且坡度和緩，山頂也很平坦。稀薄的熔岩流從中心的通道穩定流出，就像液體從容器中溢出一樣。噴發頻率頻繁但程度溫和。

夏威夷的茂納羅亞火山是一座活躍中的盾狀火山，體積達七萬五千立方公里，已經持續噴發了七十萬年。

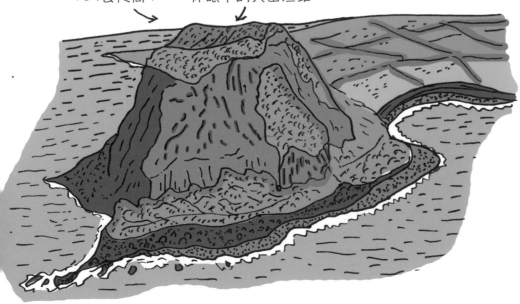

日本的摺鉢山

169公尺高！

休眠中的火山渣錐

3 火山渣錐

火山渣錐非常小，會將熔岩從頂部單獨的火山口中推出。

日本的摺鉢山是一座休眠的火山渣錐，海拔一百六十九公尺。它的名字在日文的意思是「研磨碗」。

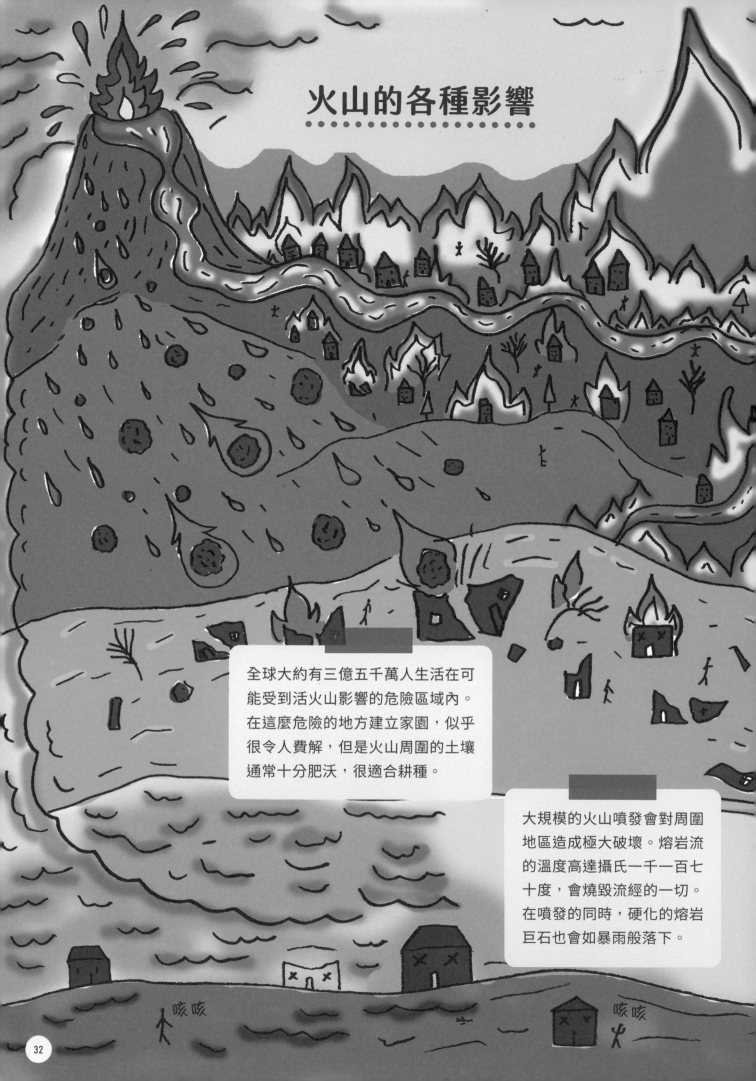

火山的各種影響

全球大約有三億五千萬人生活在可能受到活火山影響的危險區域內。在這麼危險的地方建立家園，似乎很令人費解，但是火山周圍的土壤通常十分肥沃，很適合耕種。

大規模的火山噴發會對周圍地區造成極大破壞。熔岩流的溫度高達攝氏一千一百七十度，會燒毀流經的一切。在噴發的同時，硬化的熔岩巨石也會如暴雨般落下。

咳咳

咳咳

窒息

厚厚的火山灰會覆蓋方圓數公里的一切，使牲畜死亡，並導致許多人出現呼吸問題。

如果火山噴發時產生的火山灰和泥漿與強降雨或融雪結合，就會產生快速流動的「火山泥流」。火山泥流極度危險，威力能夠沖毀淹沒整個村莊。

當大規模火山噴發時，會將「火山灰」和「二氧化硫」噴射到大氣中，進而導致「火山冬天」，這些微粒會將太陽光反射到遠離地球的地方，使全球降溫，最多差到攝氏兩度之多。

火山噴發

火山噴發可分為六大類：

冰島型噴發

熔岩從火山側面延伸出的
長裂縫中滲出。

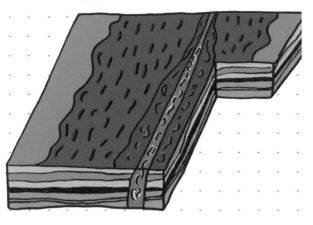

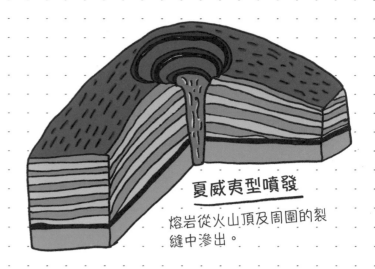

夏威夷型噴發

熔岩從火山頂及周圍的裂
縫中滲出。

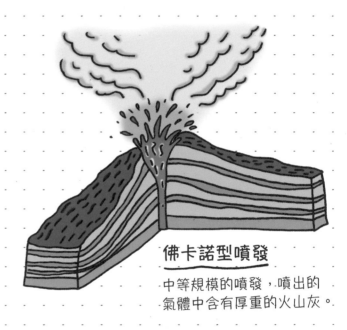

佛卡諾型噴發

中等規模的噴發，噴出的
氣體中含有厚重的火山灰。

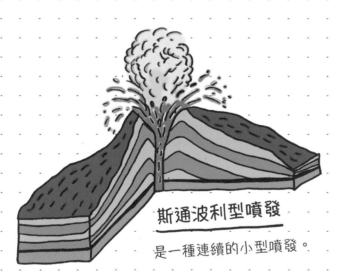

斯通波利型噴發

是一種連續的小型噴發。

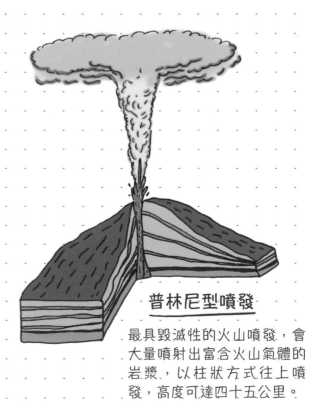

普林尼型噴發

最具毀滅性的火山噴發，會
大量噴射出富含火山氣體的
岩漿，以柱狀方式往上噴
發，高度可達四十五公里。

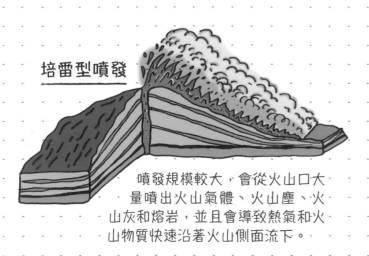

培雷型噴發

噴發規模較大，會從火山口大
量噴出火山氣體、火山塵、火
山灰和熔岩，並且會導致熱氣和火
山物質快速沿著火山側面流下。

專門研究火山的人稱為「火山學家」。

火山學家可以根據火山周圍的溫度上升情況來判斷火山何時可能噴發。數百次的小地震表示岩漿正在地殼中流動，火山會開始釋放高濃度的含硫氣體。

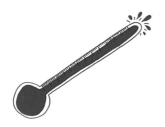

火山噴發指數（VEI）

以1（最弱）到8（最強）的等級為火山噴發強度進行排序。VEI 8僅在「超級火山」噴發時發生，大約每十萬年發生一次，最近一次噴發是在兩萬六千年前左右。這種程度的噴發產生的力量是知名的「喀拉喀托火山噴發」的一百倍，造成的影響不亞於小行星撞擊地球。

火山安全指南

如果你接獲疏散通知，請穿上長袖上衣及長褲，並戴上護目鏡。千萬不要戴隱形眼鏡！請拿一塊溼布蓋在臉上。

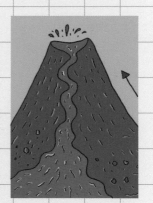

火山灰會堵塞引擎，因此如果你必須開車，請將時速保持在五十公里以下，避開可能發生洪水的河流周邊。請盡量待在火山的上風處，那裡的火山灰會比較少。

如果未收到疏散通知，或被告知不進行疏散，請關閉所有門窗，並堵住煙囪或排氣管。將溼布擋住每扇門的底部。如果火山落灰特別嚴重，你可能需要爬上屋頂盡快清除，以免造成屋頂塌陷。

最大且最嚴重的火山噴發

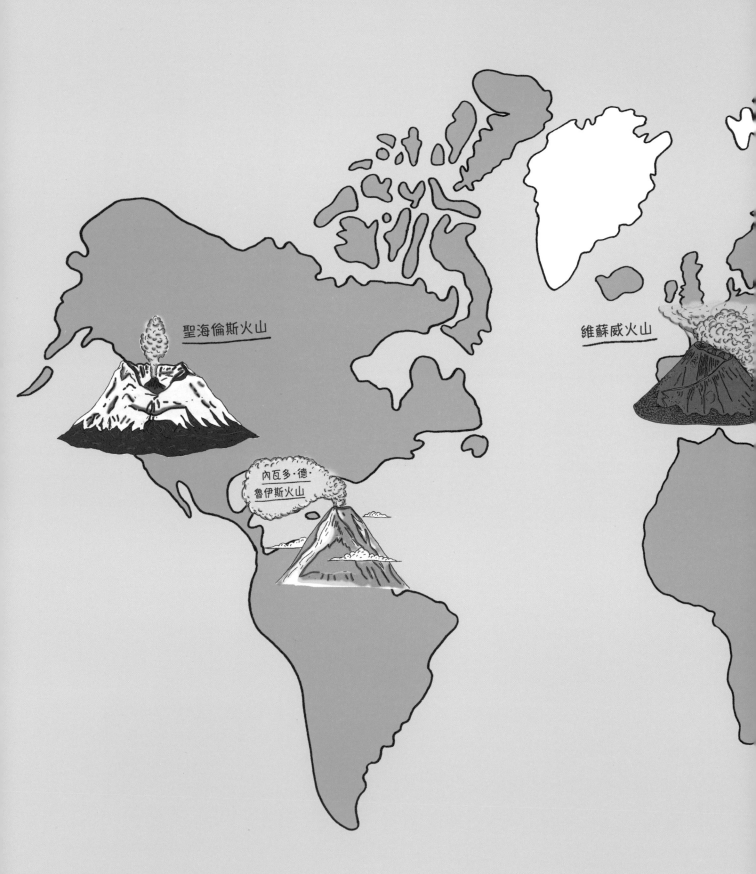

聖海倫斯火山

維蘇威火山

內瓦多·德
魯伊斯火山

皮納土波
火山

喀拉喀托火山

義大利，維蘇威火山
79年（西元）｜火山噴發指數：5

這次火山噴發造成兩千多人死亡，讓龐貝城遭到厚重的火山灰掩埋。雨水讓火山灰變成一種混凝土，以至於幾個世紀後，讓考古學家在古羅馬發現保存完好的古代生活樣貌。

印尼，喀拉喀托火山
1883年｜火山噴發指數：6

這是歷史上最猛烈的火山噴發之一，產生有史以來最響亮的聲響，釋放出相當於一萬三千枚核彈的能量，死亡人數高達三萬六千人，引發的海嘯也摧毀了許多島嶼。

美國，聖海倫斯火山
1980年｜火山噴發指數：5

這場美國史上最具破壞性的火山噴發，造成五十七人死亡，兩百多平方公里的自然環境遭到破壞。

哥倫比亞，內瓦多・德・魯伊斯火山｜1985年｜火山噴發指數：3

雖然這是一場小規模噴發，但引發的土石流掩埋了阿爾梅羅鎮，奪去兩萬多人的生命。

菲律賓，皮納土波火山
1991年｜火山噴發指數：6

皮納土波山是一座休火山，在突然噴發之前幾乎沒有活動跡象。這場噴發導致近八百人死亡，並引發火山冬天，使地球平均氣溫下降約攝氏0.5度。

白色洪流的雪崩

「雪崩」是指一大片雪從斜坡上滑落，並迅速朝下移動，
在傾瀉而下時不斷變大，聚積更多的雪。

為什麼
會產生雪崩？

當雪不斷堆積，超過下方積雪
層所能負荷的重量時，一大塊雪
就會剝落。

「積雪」就是在冬季逐漸堆積的雪層。構成
積雪的冰晶結構會受到天氣的影響。例如，出
大太陽的時候，可能會使一層雪融化並重新凍
結，導致冰晶發生變化，積雪因此變得光滑或脆
弱，所以在脆弱雪層頂部的雪就很容易滑落。

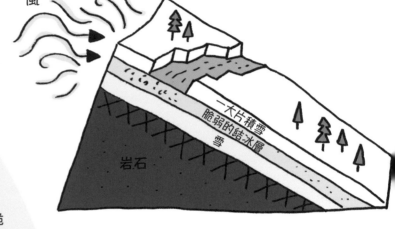

雪崩很常見。在阿爾卑斯山，每年大約會
發生一萬次雪崩。其中大多數是鬆雪的微
小移動，也就是塌陷，通常是無害的。

比較危險的情況是板狀雪崩，是指一大片
積雪崩落下來，衝下山坡，沿路像玻璃一
般碎裂。板狀雪崩的速度可在五秒內達到
時速一百五十公里，遇上這種雪崩，通常
很少有倖存者。

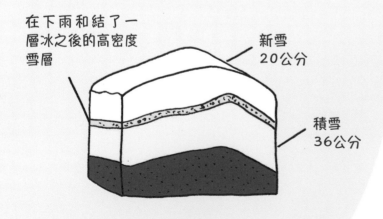

觸發雪崩的原因

風

雪崩最有可能發生在三十到五十度的裸露斜坡上。坡度陡峭的斜坡會使雪不斷往下落，很難形成積雪。而在較平緩斜坡上的積雪不會因為地心引力而滑落。岩石和樹木也有固定雪的作用。

導致雪崩最危險的情況是下大雪的同時又颳強風。風會分解雪中的冰晶，以至於很快就形成一片積雪。若是暴風雪期間落下高達三十公分或更厚的新雪，在二十四小時內最容易發生雪崩。

如果環境條件都符合的話，便很容易引發雪崩。滑雪者或雪地摩托車的移動也很容易使雪鬆動。也有根本沒有觸發因素，卻發生自發性雪崩的情況。

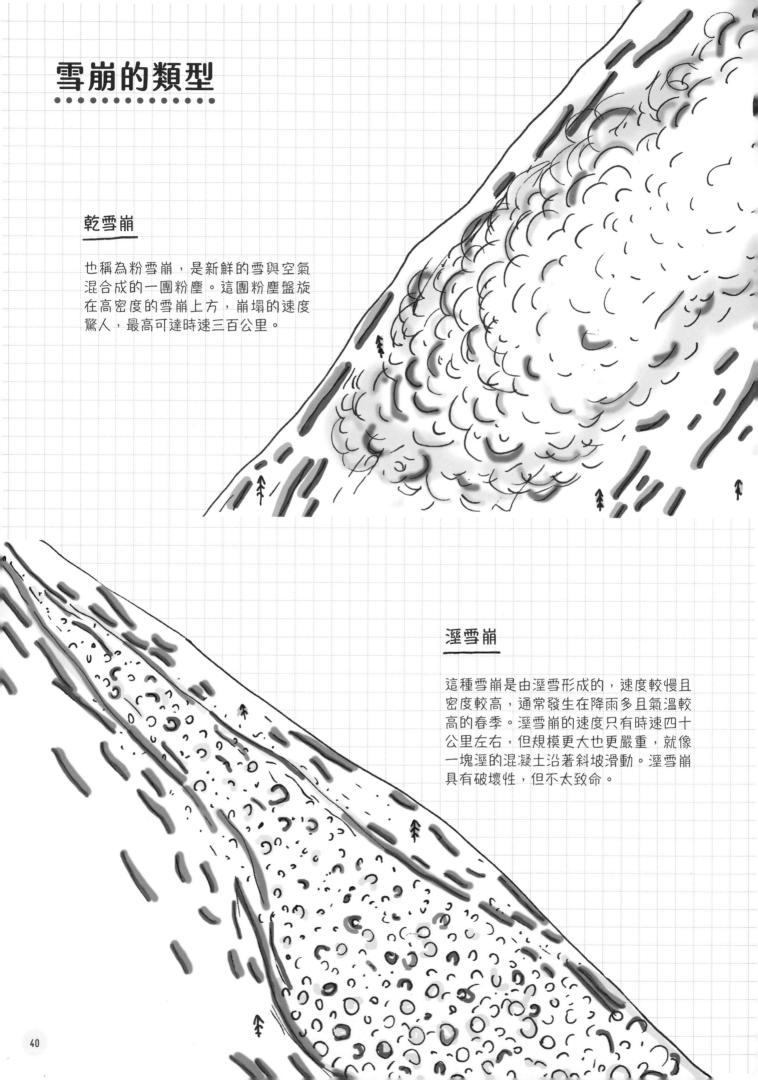

雪崩的類型

乾雪崩

也稱為粉雪崩，是新鮮的雪與空氣混合成的一團粉塵。這團粉塵盤旋在高密度的雪崩上方，崩塌的速度驚人，最高可達時速三百公里。

溼雪崩

這種雪崩是由溼雪形成的，速度較慢且密度較高，通常發生在降雨多且氣溫較高的春季。溼雪崩的速度只有時速四十公里左右，但規模更大也更嚴重，就像一塊溼的混凝土沿著斜坡滑動。溼雪崩具有破壞性，但不太致命。

雪崩的結構

雪崩形成區
是一塊穩定的區域，雪從這裡開始滑動，通常都是斜坡上非常高的位置。

雪崩通過區
是積雪崩塌後沿著往下滑的斜坡通道。如果表層光禿禿的，像滑梯一樣，底部還堆了一層又一層的積雪，這代表可能發生過雪崩，並且有機會再次發生，需要特別小心。

雪崩堆積區
是崩塌的積雪和碎屑停止的地方，也是雪崩受害者最有可能被掩埋的區域。

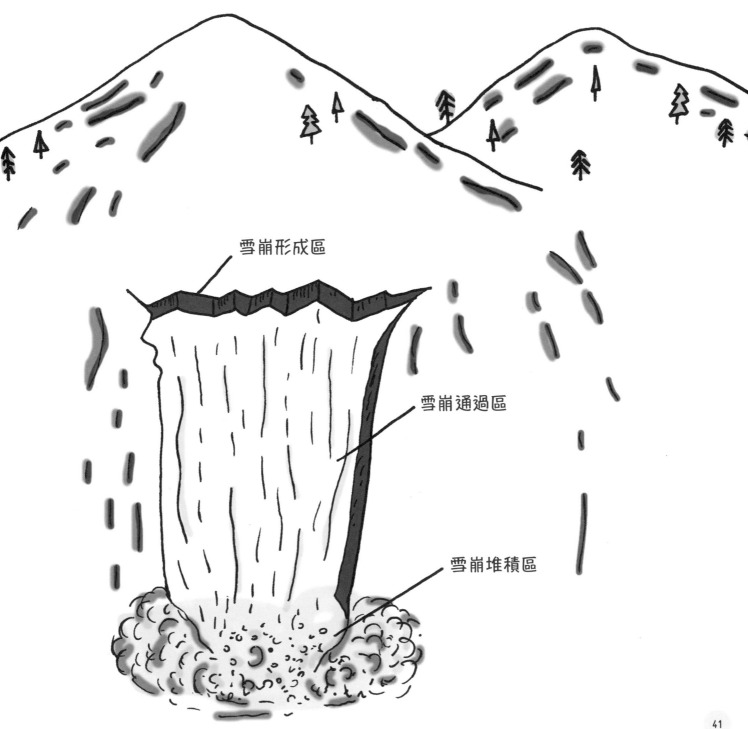

雪崩形成區

雪崩通過區

雪崩堆積區

如何預防雪崩？

有許多方法可以預防雪崩。最簡單的就是趁積雪生成期間，在上面行進。可以步行、滑雪或用推雪機，如果積雪層持續保持緊密，就不太可能鬆動崩落。

用炸藥引爆也是一種控制雪崩的方法。刻意引發小雪崩，發生大雪崩的機率就能大大降低。

另一種防止雪崩的手段是使用特殊柵欄來阻止積雪滑落。

注意安全

在雪上步行或滑雪時，要留意任何是否有空洞的重擊聲，那可能表示積雪下面有比較脆弱的雪層。也要留意積雪表面是否有裂縫或斷裂的雪片，這些都是雪崩可能即將發生的跡象。

雪崩安全指南

首先要做的，就是離開崩落的雪，盡快下坡，然後轉向離開雪崩的路線。如果你無法避開雪崩，就找一棵樹抱住。

存活機率

遭遇雪崩還能倖存的人非常少。如果在十八分鐘內獲救，92%的人能活下來；如果在三十五分鐘內被發現，30%的人有機會存活。一小時後，三個人中最多只有一個人能存活，兩小時後，存活率幾乎是零。

如果找不到樹，就丟掉手中的滑雪板等物品，將背朝地面，雙腳朝下坡的方向，然後盡全力往上坡做仰泳的動作，這樣能讓你能持續貼近表面。

雪崩一旦停止，會像混凝土一樣定住，使人無法移動，因此只要雪崩停下，就將一隻手臂蓋住臉，然後用另一隻手臂猛力揮擊。如果你的位置靠近表面，就有機會突破出去，就算沒有靠近表面，這樣做也能獲得較大的呼吸空間，之後記得維持靜止以保留氧氣。

如果看到有人在雪崩中被沖走，請嘗試尋找他們可能的所在位置。掉落的滑雪板和手套也許能提供線索。不要浪費時間去找人幫忙，要馬上開始挖掘！一旦找到受害者，請立即幫他們清出暢通的呼吸空間。

最大且最嚴重的雪崩

阿爾卑

秘魯，蘭拉伊卡，1962年

地利，布隆斯，1954年

俄羅斯，北奧塞提亞，2002年

阿富汗，潘傑希爾省，2015年

阿爾卑斯山，提洛爾
1916年12月13日

第一次世界大戰期間，這場橫跨奧地利和義大利境內的阿爾卑斯山雪崩，是因為故意向不穩定的雪坡炮轟而引發的。一天之內就有超過一萬名士兵陣亡，這一天被稱為「白色星期五」。

奧地利，布隆斯
1954年1月12日

一場乾雪崩襲擊布隆斯村的中心，九小時後，第二次雪崩襲來，整個村莊被徹底摧毀，造成兩百多人死亡。

秘魯，蘭拉伊卡
1962年1月10日

一大片積雪從瓦斯卡蘭山上滑落，摧毀了蘭拉伊卡和永蓋的村莊，造成四千多人死亡，成為和平時期中最嚴重的雪災。

俄羅斯，北奧塞提亞
2002年9月21日

卡茲別克山上的一塊冰川崩塌，引發兩千萬噸的大雪崩，掩埋了好幾個村莊，造成約一百五十人死亡。

阿富汗，潘傑希爾省
2015年2月24日

一連串的暴風雪襲來，總共引發四十場雪崩，造成三百一十六人死亡，許多村莊因為房屋結構脆弱而遭到摧毀。

天氣是什麼？是什麼讓天氣變熱或變冷、下雨或變陰天？

天氣發生在稱為「大氣」的氣層中。大氣層就像包裹著地球的毯子，防止地球變得太熱或太冷。大氣的底層稱為「對流層」，含有大氣中80%的氣體和99%的水。世界上大部分的天氣變化都在這裡發生。

所謂的天氣，是由兩地之間的氣壓、溫度與溼度差異所造成的。研究天氣的人叫「氣象學家」。氣象學家使用溫度計、風速計、氣壓計和衛星資訊等工具來解釋有關天氣的各種現象，並在風暴即將來臨時發出警報。

大氣層

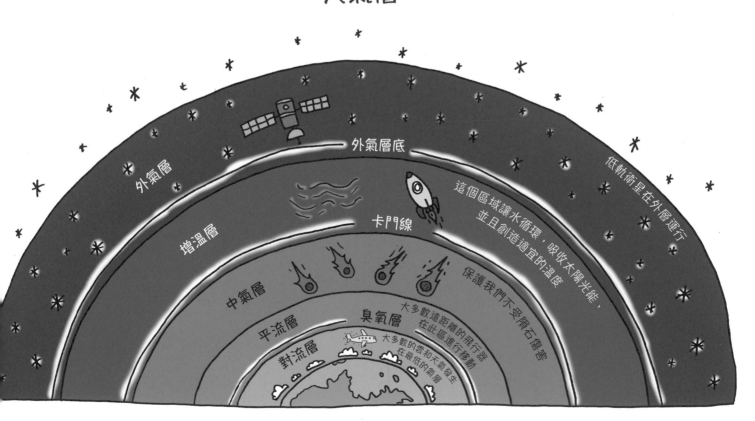

疾風暴雨的熱帶氣旋

熱帶氣旋是一種會旋轉的風暴,雷雨從稱為「眼」的低壓中心呈螺旋狀環繞流出。在北大西洋和東北太平洋上,熱帶氣旋的名稱是「颶風」,在西太平洋上的則稱為「颱風」。

颶風的英文「hurricane」源自於加勒比海惡神的名字(Hurrican)。

熱帶氣旋在世界各地有不同的名稱,在東南亞被稱為「颱風」,在印度洋被稱為「氣旋」。

熱帶氣旋在溫暖的熱帶或亞熱帶水域形成。登陸陸地時,帶來的強降雨和強風,會颳倒樹木並摧毀建築物。

熱帶氣旋是如何形成的？

當空氣因為溫暖的海水（攝氏二十七度或更高）變熱，並開始快速上升時，就會形成熱帶氣旋。當空氣冷卻時，會被更多從下方升上來的暖空氣推到一邊，在海洋表面附近形成低壓區域，而地球自轉產生的「科氏力效應」導致風開始旋轉。

當風暴穿過海洋時，受到溫暖海水的滋養，力量不斷增強，並發展成由快速旋轉的雲和風組成的巨大系統，中心會形成一個低壓區域。

當風速提升至時速一百二十公里時，就達到形成熱帶氣旋的條件。熱帶氣旋的寬度可達兩千公里，雲層高度可達十五公里。

當風暴向內陸移動時，不再有溫暖的海水為它提供燃料，最終就會失去動力。

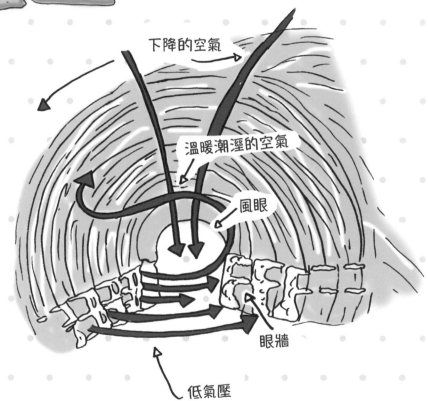

下降的空氣

溫暖潮溼的空氣

風眼

眼牆

低氣壓

熱帶氣旋的結構

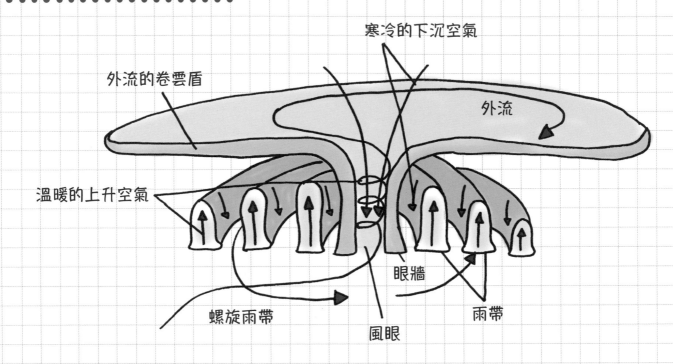

寒冷的下沉空氣

外流的卷雲盾

外流

溫暖的上升空氣

眼牆

螺旋雨帶

風眼

雨帶

熱帶氣旋的組成結構

風眼 是風暴中心的低壓區域。當風眼經過正上方時，大雨會突然停止，也不再起風。但千萬別被騙了，風眼的另一側就是眼牆。

眼牆 距離風暴中心約十五至三十公里，是整個熱帶氣旋當中最凶猛的部分，風速可達時速三百二十公里。

雨帶 是從眼牆開始向外盤旋的厚重雲體，越靠近外部區域，風勢越弱。

一場大型熱帶氣旋釋放出的風能和熱能，相當於全球每年能源消耗量的七十倍，也相當於一萬顆核彈的能量！

熱帶氣旋發生的時間和地點

熱帶氣旋發生在世界各地溫暖的海面上，在西太平洋地區十分常見。
菲律賓曾連續好幾年都遭受超過二十次颱風襲擊。

在北半球，颱風的高峰季節介於夏末初秋之間，此時海水的溫度與氣
溫差異最大。

儘管熱帶氣旋具有破壞性，但是在調節全球氣溫上，也發揮了重要作
用，因為熱帶氣旋會把熱和能量從熱帶地區帶到氣候較溫和的地區。

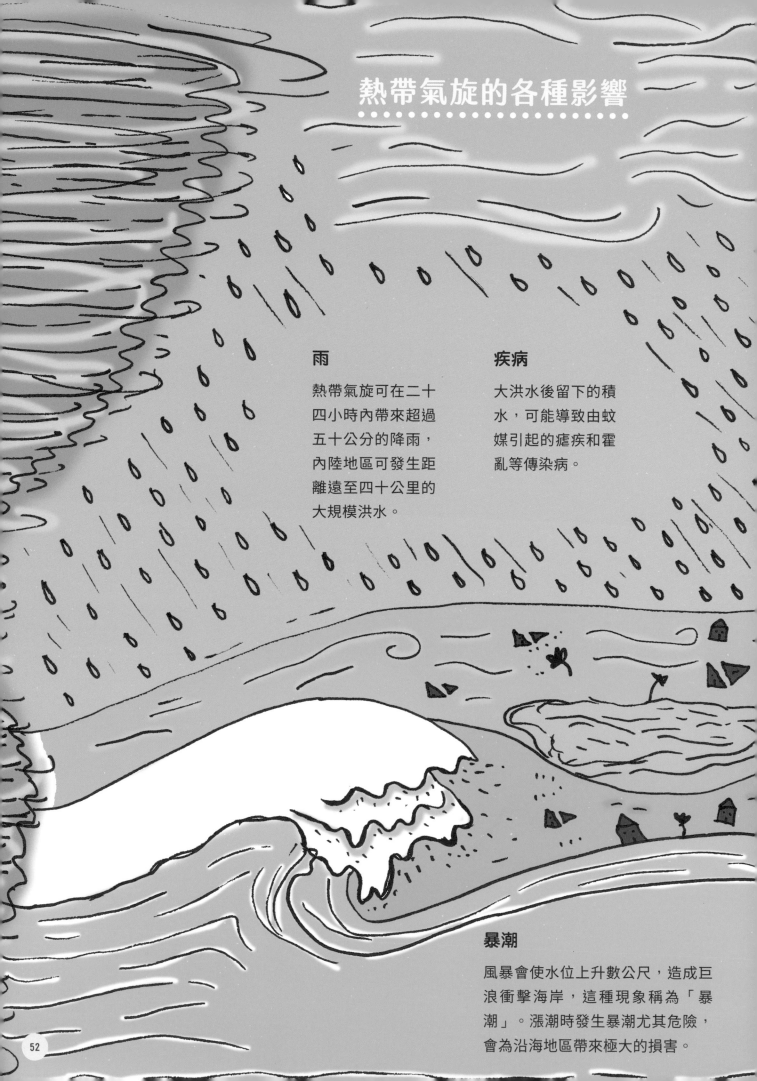

熱帶氣旋的各種影響

雨

熱帶氣旋可在二十四小時內帶來超過五十公分的降雨，內陸地區可發生距離遠至四十公里的大規模洪水。

疾病

大洪水後留下的積水，可能導致由蚊媒引起的瘧疾和霍亂等傳染病。

暴潮

風暴會使水位上升數公尺，造成巨浪衝擊海岸，這種現象稱為「暴潮」。漲潮時發生暴潮尤其危險，會為沿海地區帶來極大的損害。

風

熱帶氣旋的風速極高，能夠吹斷樹木、捲走小型建築物，還會損壞道路、建築物和各種基礎設施。

龍捲風

熱帶氣旋的眼牆內可能會形成小型龍捲風。有時很難區分哪些損害是由熱帶氣旋造成，而哪些又是由龍捲風所造成。

測量熱帶氣旋的方法

用來測量風速的工具叫風速計

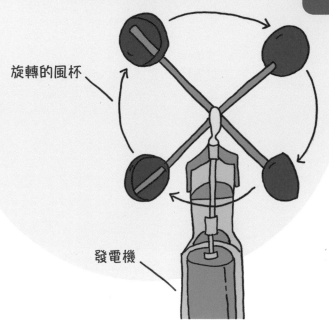

旋轉的風杯

發電機

大西洋的熱帶風暴會以男生和女生的名字交替命名。一年中的第一場風暴總是以字母A開頭，下一個是B，依此類推。這些名字每六年會重輪一次。其他地方生成的熱帶氣旋則各有不同的命名方式。

薩菲爾·辛普森量表 (Saffir Simpson)
熱帶氣旋從最弱到最強分成一到五級。

	第一級	第二級	第三級	第四級	第五級
風速（時速）	119至153公里	154至177公里	178至209公里	210至249公里	超過250公里
暴潮	1.2至1.5公尺	1.8至2.4公尺	2.7至3.7公尺	4至4.9公尺	超過5.5公尺
損害程度					

儘管三級或更高級別的熱帶氣旋只占大約百分之二十，但造成的損失約占整體的百分之八十五左右。

警告！
不要使用電器，因為雷電會導致電力突波。如果發生洪水，請關閉電源。

颱風安全指南

如果你家不在地勢較高的地方，或者你住在拖車或移動式房屋中，請前往避難所。

請待在室內，最好是在地下室，並遠離可能碎裂的窗戶。即使天氣看起來很晴朗，也不要外出，因為你可能只是剛好位於風眼中，未來還會有更多風暴襲來。

如果你需要開車外出，請勿嘗試駛過洪水發生的地方。請掉頭離開，沿著來時的路回去。

最大且最嚴重的熱帶氣旋

卡崔娜颶風，2005年

米契颶風，1998年

瑪莉亞颶風，2017年

波拉氣旋，1970年

有紀錄以來最致命的氣旋。當時以每小時一百九十公里襲擊孟加拉。因氣旋產生的暴潮造成三十多萬人死亡，孟加拉灣附近的島嶼和村莊也被夷為平地。

妮娜颱風，1975年

這個颱風襲擊了臺灣海岸，並在登陸中國時導致兩座大壩潰決，進而引起另外六十五座水庫潰壩，引發的洪水導致至少二十萬人喪生。

米契颱風，1998年

移動緩慢的巨大颱風，在宏都拉斯登陸，然後席捲整個中美洲。降雨量高達將近兩公尺，引發洪水和山崩，造成約一萬一千人死亡。

卡崔娜颶風，2005年

卡崔娜颶風在美國路易斯安納州登陸時，導致紐奧良周圍的防洪堤潰決，淹沒該市約百分之八十的地區。這場颶風造成數千人受困，約一千六百人死亡。

瑪莉亞颶風，2017年

被評為五級颶風，襲擊了波多黎各、多明尼克、馬提尼克島和瓜地洛普島，沖毀許多房屋和道路。由於人道救援未能及時反應，最終導致約兩千九百人死亡。

納吉斯氣旋，2008年

納吉斯是在亞洲造成最多傷亡的其中一個氣旋。它從緬甸登陸，引發暴潮，在人口稠密的地區造成嚴重洪災。官方公布的死亡人數約為十四萬，但實際死亡人數可能高達一百萬人。

波拉氣旋，1970年

納吉斯氣旋，2008年

妮娜颱風，1975年

呼嘯而過的龍捲風

龍捲風是由旋轉的空氣形成的漏斗雲，連接地面和上空的積雨雲。
龍捲風的風力是地球上最強的，風速可高達時速五百公里。

龍捲風也被稱為
「旋風」。

龍捲風的超強風力可以摧毀建築物、連根拔起樹木、吸走河床的水，並把汽車捲飛到空中。這種狂風可以將人拖行在地或從危險的高度扔下，進而造成死傷。 到處飛散的碎片也是讓人們受傷的主要原因。

龍捲風平均寬兩百公尺，移動距離約十公里，經過的地方會留下又長又窄的破壞路徑。龍捲風可以在摧毀一棟房子的同時，卻讓鄰近的建築物完好無損。

龍捲風可能發生在世界上任何地方。英國和荷蘭就經常有龍捲風。然而，75%的龍捲風發生在北美大平原上一塊被稱為「龍捲風走廊」的地區。來自加拿大的乾燥冷空氣與來自墨西哥灣的溫暖潮溼空氣在那裡相遇，因此環境條件非常適合龍捲風生成。

超大胞龍捲風

約百分之九十的龍捲風是由所謂的超大胞風暴或旋轉雷暴所生成。超大胞是一種雷暴，旋轉上升的螺旋狀氣流是它的特點。當靠近地面的暖溼空氣上升到風暴上方，與寒冷乾燥的空氣相遇時，就會形成龍捲風。旋轉上升氣流和空氣一起打轉，形成一個空氣柱。空氣柱一開始是水平的，但隨著更多的暖空氣上升，它會開始變化，旋轉得越來越快，並垂直向下傾斜到空氣上升的低壓區域。隨著空氣柱變得越來越長，就形成了漏斗雲。當漏斗接觸到地面時，就成為龍捲風。

大約每一千個風暴中有一個會變成超大胞，而每五到六個超大胞中，會有一個成為龍捲風。

漏斗形成的過程

1　2　3　4　5　6

砧狀的雲

溫暖潮溼的上升氣流

寒冷的下沉氣流

超大胞風暴

陸上龍捲風

也簡稱為陸龍捲。當在地面附近垂直旋轉的空氣被上升氣流拉伸到雲層時，就會形成陸上龍捲風。換句話說，它是從地面往上發生的，而非從雲端往下。陸上龍捲風有長得像繩索的狹窄漏斗雲，周圍環繞著蓬鬆的塵霧。陸上龍捲風會造成損害，但程度遠遠不及超大胞龍捲風，持續時間不會多於十五分鐘，等級通常不超過EF2（分級說明請參閱第66頁）。

水上龍捲風也是類似的現象，只是發生在水面上。

陸上龍捲風

龍捲風的構造

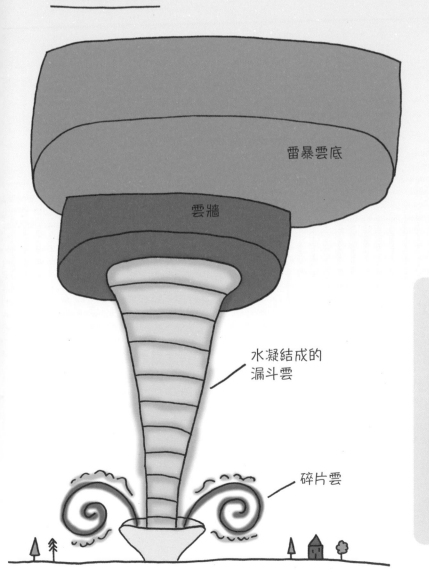

雷暴雲底

雲牆

水凝結成的漏斗雲

碎片雲

有時候，龍捲風要來之前，天空會變成黃綠色，科學家也找不出原因。有些人認為是因為低垂的太陽發出金色光芒，經由雷雨雲的過濾與藍天結合，產生出綠色色調。

解剖龍捲風

雷雨雲下方會形成厚實的基座雲，稱為「旋轉雲牆」。最強的上升氣流都聚集在這裡。漏斗雲是由水滴凝結成的，從雲牆一直延伸到地面。漏斗雲的底部通常有一團旋轉的碎片雲，可以完全遮蔽漏斗雲，使人們難以發現龍捲風的蹤跡。

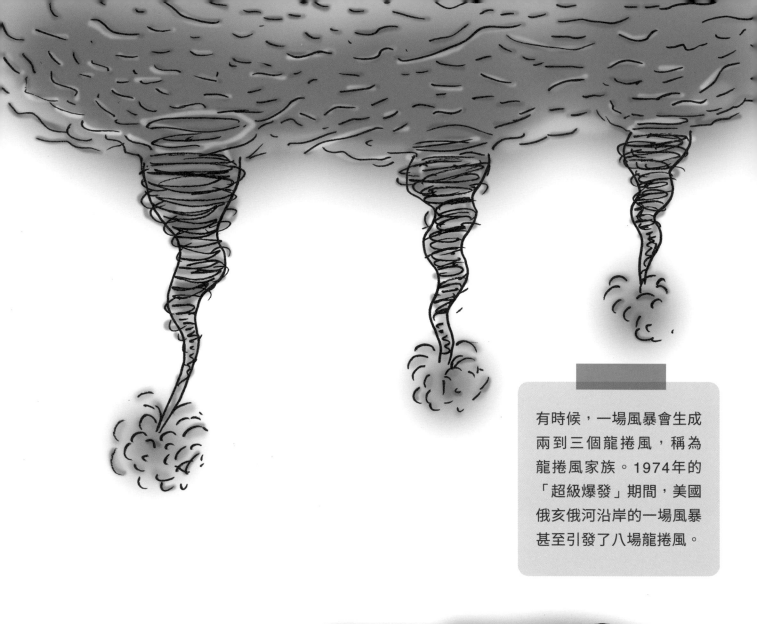

有時候，一場風暴會生成
兩到三個龍捲風，稱為
龍捲風家族。1974年的
「超級爆發」期間，美國
俄亥俄河沿岸的一場風暴
甚至引發了八場龍捲風。

衰減期

當龍捲風到達生命週期的終點
時，會開始變薄，看起來就像一
條懸掛在雲上的繩子，這種現象
稱為「衰減期」。雖然龍捲風正
在減弱，但在完全消逝之前，依
然能夠造成不小的傷害。

龍捲風的形狀

我們經常看到繩狀或錐形龍捲風，但其實龍捲風有各種不同的形狀和大小。龍捲風的平均直徑約為一百五十公尺，而巨大的楔狀龍捲風的直徑可達兩公里以上。

煙囪形龍捲風

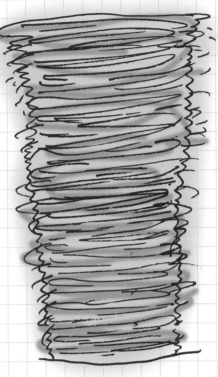

很長的圓柱形狀。

楔狀龍捲風

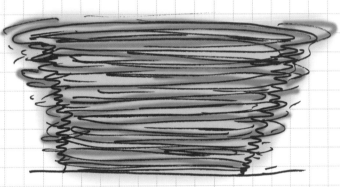

寬度最少都和它的高度一樣，
通常規模很大且極具破壞性。

多漩渦龍捲風

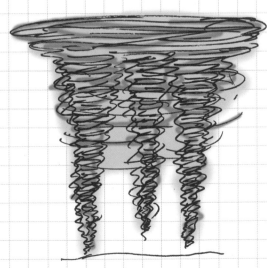

多個小型的獨立龍捲風
一起繞著共同的中心旋轉。

錐形龍捲風

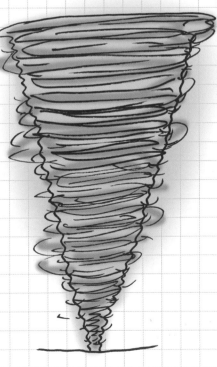

漏斗雲的底部狹窄，
越往頂部越寬。

偵測龍捲風

1953年時，氣象學家發現，當風暴即將形成龍捲風，雷達會偵測到某種形狀，稱為「鉤狀回波」，這使氣象學家能夠探測到會產生龍捲風的風暴。

下沉氣流引起的風

鉤狀回波

風暴移動方向

持續的風

側翼線

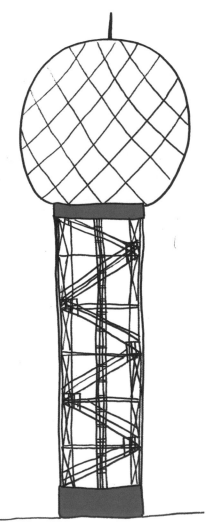

如今，我們已經可以用雷達測量風暴的風速和方向，或是偵測到可能正在一百六十公里外醞釀的超大胞風暴。

然而，這些測量用的雷達只能監測到可能發生的龍捲風，而非實際發生的龍捲風，因此在美國，氣象學家依賴訓練有素的「風暴觀測員」，在龍捲風形成時加以識別並報告。風暴觀測員會觀察風暴是否具有超大胞風暴的特徵，包括穹頂狀的頂部直達平流層、螺旋狀運動和旋轉的雲牆等。接著他們會持續觀察風暴，並發出即時警告。

天空警報

美國的
風暴觀測計畫
稱為「天空警報」
(Skywarn)。

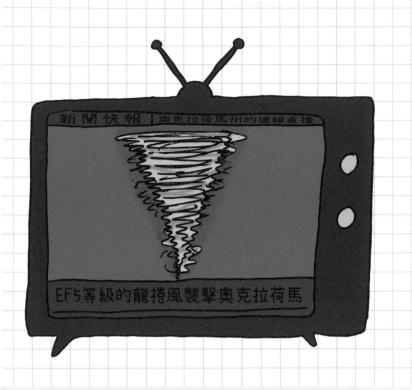

新聞快報　奧克拉荷馬州的連線直播

EF5等級的龍捲風襲擊奧克拉荷馬

龍捲風平均約持續八分鐘，以時速四十五公里的速度移動五到十公里，通常會向東或東北方向移動。

然而，巨大的楔狀龍捲風規模偶爾可以達到四公里寬，持續長達三小時，並以時速四百八十公里的速度移動！這種龍捲風稱為「長軌龍捲風」。

在美國，每年平均會發生一千兩百次龍捲風，但其中大多數規模都非常小，大約只有百分之二是大龍捲風，但造成的損失與傷亡卻占百分之八十左右。在美國，龍捲風每年平均造成七十人死亡，以及大約四億美元的經濟損失。

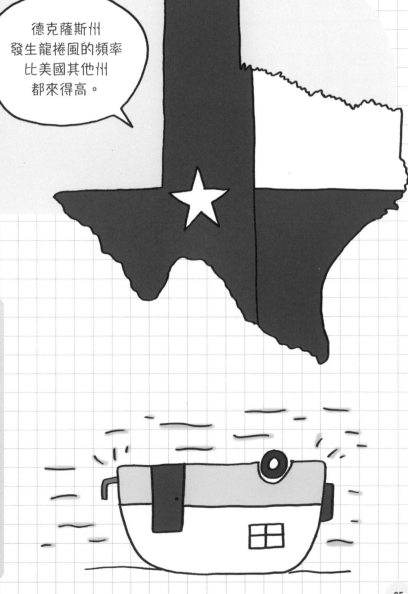

德克薩斯州發生龍捲風的頻率比美國其他州都來得高。

龍捲風產生的風和碎片是破壞大部分建築的主因，但將近一半的傷害發生在龍捲風過後的救援工作和清理過程中。根據美國聯邦緊急事務管理局的資料顯示，有三分之一的傷害是因為踩到釘子造成的！

測量龍捲風

由於龍捲風的風力十分強大,一般的風速測量裝置無法承受,因此氣象學家使用「改良藤田級數」(EF級數)來測量龍捲風造成的損失,再進一步估算龍捲風的風力強度。

EF級數	風速(公里/小時)		損害程度
0	105-137		**輕微損害**:樹枝被吹斷、排水溝破損、屋頂瓦片被吹落。
1	138-177		**中度損害**:屋頂損壞、房車翻倒、窗戶破碎、將門吹飛。
2	179-217		**明顯損害**:將屋頂吹飛,樹木被吹倒,將汽車從地面抬起。
3	219-266		**嚴重損害**:房屋毀壞,大型建築受損,火車翻覆。
4	267-322		**極端的損害**:將房屋夷為平地,將汽車和大卡車吹飛。
5	322+		**無法想像、極度劇烈的損害**:將房屋和高層建築快速撕裂,看起來就像「爆炸」。將道路整塊掀起,將河床吸乾,城鎮變成廢墟。

注意聽龍捲風的聲音

龍捲風發生前，通常會出現雷暴或冰雹。然而，不下雨時也可能發生龍捲風。事實上，在北美大平原，龍捲風期間很少下雨。如果聽到巨大的隆隆聲，請保持警惕。龍捲風的聲音非常大，越來越靠近時，聽起來就像噴射機引擎的轟鳴聲。

龍捲風安全指南

大多數的龍捲風罹難者都是被飛濺的殘骸碎片所害，因此一定要找地方躲避！如果人在室內，最好的選擇是地下室堅固的桌子下或樓梯下方的空間。記得遠離窗戶，因為飛濺的碎玻璃可能致命。可以的話，找個床墊覆蓋在身上。

一旦警告發布，居住在旅行拖車或貨櫃屋內的人必須立即前往結構更堅固的建築物內避難。

如果受困於戶外，請盡量靠近地面，最好躲在溝渠中，並抓住樹幹靠近樹根的位置或其他堅固的物體，以免被強風吹走。

關於龍捲風的荒誕傳聞

人們錯誤的認為，如果關閉窗戶，氣壓差異會導致建築物爆炸。但事實上，建築物會「爆炸」只是因為風力的關係。

另一個誤解是，如果開車時看見龍捲風出現，應該以直角轉彎躲開。其實，龍捲風並不是永遠沿著直線移動，下車並躲進附近的建築物裡是更明智的作法。

最大且最嚴重的龍捲風

美國，密蘇里州喬普林大龍捲風，2011年

美國，三州大龍捲風，1925年

美國，阿拉巴馬州哈克爾堡大龍捲風，2011年

俄羅斯，伊凡諾沃龍捲風爆發，1984年

孟加拉，達烏拉特普爾－薩圖利亞大龍捲風，1989年

孟加拉，達烏拉特普爾－薩圖利亞大龍捲風，1989年4月26日

這場寬約一公里的龍捲風席捲了這片貧窮地區。因施工不良的建築物毀損，導致一千三百多人死亡，約八萬人無家可歸。

美國，三州大龍捲風
1925年3月18日

美國史上死傷最慘重的龍捲風。風速高達每小時四百八十公里，橫掃密蘇里州、印第安納州和伊利諾州，全長共計三百二十公里的地帶，造成六百九十五人死亡，一萬五千多棟房屋毀損。

美國，密蘇里州喬普林大龍捲風，2011年5月22日

這場龍捲風的風速超過時速三百公里，造成數千人受傷，一百五十八人死亡。

美國，阿拉巴馬州哈克爾堡大龍捲風，2011年4月27日

屬於2011年「超級大爆發」龍捲風中的其中一場，橫衝直撞的風暴橫掃範圍多達兩百公里，還將許多車輛拋飛了一百五十公尺之遠。

俄羅斯，伊凡諾沃龍捲風爆發
1984年6月9日

這次事件對該地區來說非常罕見。一連串地龍捲風襲擊莫斯科北部，其中至少有兩場EF5等級的龍捲風。這些龍捲風將許多大型建築物夷為平地，造成至少九十二人死亡。

鋪天蓋地的暴風雪和雹暴

暴風雪

暴風雪是指氣溫極低的強烈雪風暴，強風的時速超過五十六公里，能見度極低，時間持續三個小時或更長。

當溼暖的空氣遇到乾寒的空氣時，就會形成暴風雪。兩個氣團之間形成的場域會產生雪風暴。當風速超過時速五十六公里時，就會被認定為暴風雪。

普通的雪風暴和較不常見的暴風雪之間的差異不在於降雪量，而是在於風的強度，暴風雪中的風猛烈許多。有些暴風雪並未降雪，而是風將地面的積雪吹起，讓能見度變差。這種情況就稱為地面暴風雪。

極端暴風雪的風速超過時速七十二公里，溫度為攝氏負十二度或更低。極端暴風雪可能會導致視野完全變白，讓你連自己的手也看不見。

冬季降水圖

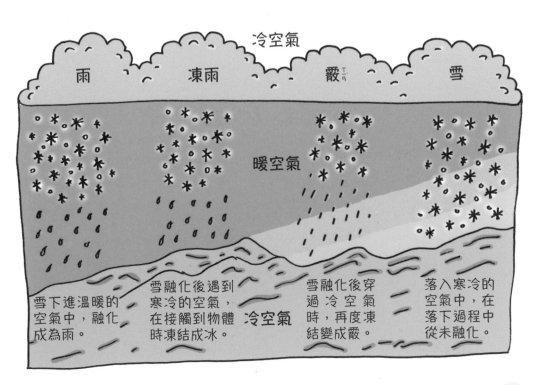

冷空氣

雨　　　凍雨　　　霰 [T.5]　　　雪

暖空氣

冷空氣

雪下進溫暖的空氣中，融化成為雨。

雪融化後遇到寒冷的空氣，在接觸到物體時凍結成冰。

雪融化後穿過冷空氣時，再度凍結變成霰。

落入寒冷的空氣中，在落下過程中從未融化。

暴風雪安全指南

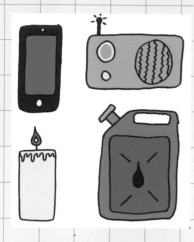

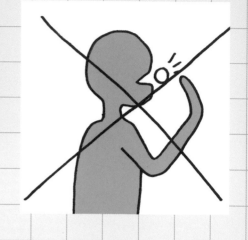

平時就做好準備。車內備好足夠的汽油，家裡備好緊急用品（附電池的收音機、蠟燭、手電筒、手機和充足的毯子）。

暴風雪來臨時一定要立即避難！此時在雪中步行或開車非常危險。白茫茫的環境會讓人看不清楚，體溫過低也很危險。

千萬不要在遇到暴風雪時吃雪，這樣做會讓體溫變得更低。

暴風雪的影響

暴風雪可能會造成極度危險的情況。被困在暴風雪中的人很快就會出現體溫過低、凍傷和神經損傷等症狀。

暴風雪會破壞通訊和電力線路，經常讓城鎮交通中斷，與外界失聯好幾天。屋頂塌陷和樹木被連根拔起都是很常見的情況。暴風雪過後，雪的融化速度比地面的吸收速度還要快，因此很容易造成淹水。

我們可能會想像山上發生暴風雪，但其實襲擊山區的通常是雪風暴。反而是平原的平坦地形易為風速提供完美的條件來達到暴風雪的程度。

暴風雪的英文「blizzard」一詞，原本的意思是滑膛槍齊射，在1870年代第一次被用來形容一場愛荷華州的暴風雪。

雹暴

雹暴是一種天氣現象，長得像冰球的冰雹從天而降。大多數冰雹的直徑約為半公分，但也可能像葡萄柚那麼大。當這種尺寸的冰球以時速一百七十公里的速度從天而降時，造成的損害可能會非常嚴重。

有史以來最大的冰雹出現在2010年的南達科他州，直徑有二十公分，重量接近一公斤！

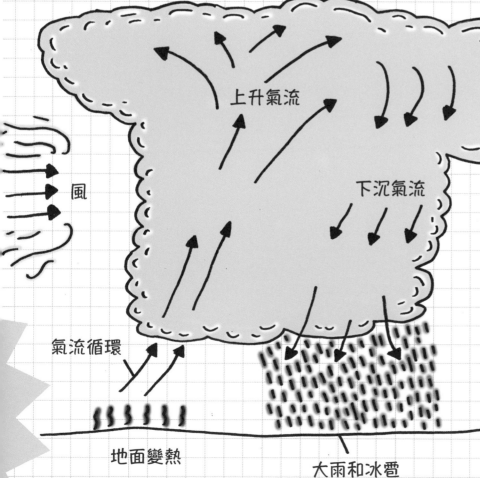

風

上升氣流

下沉氣流

砧狀雲

氣流循環

地面變熱

大雨和冰雹

冰雹在哪裡形成？

當巨大的砧狀積雨雲跟著「上升氣流」的向上移動時，其中就可能形成冰雹。大氣層中積雨雲的高度可達兩萬公里，雲頂的溫度最低可達攝氏負二十度。

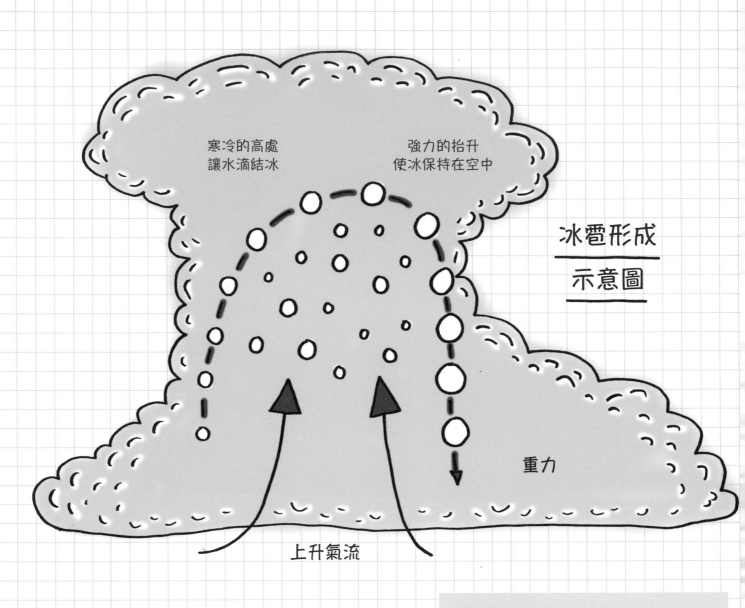

寒冷的高處
讓水滴結冰

強力的抬升
使冰保持在空中

冰雹形成
示意圖

重力

上升氣流

冰雹是如何形成的？

冰雹一開始是一種叫「雹胚」
的凍結水滴。雹胚因為上升
氣流影響，在雲的周圍彈來彈
去，與其他過冷的水滴結合後
開始變大。當雹胚來到雲的底
部，會被一層溼氣包住，等到
再次彈到頂部時，這層溼氣就
會凍結，因此雹胚會像洋蔥一
樣一層一層的長大。當雹胚變
得太重時，就會成為冰雹墜落
地面。

你知道嗎？

如果你將一塊大冰雹切成兩半，可以看
到裡面是一圈一圈的冰。透明的冰層在
雲的頂部形成，乳狀的冰層則是在雲的
下方形成。

數一下冰雹的圈數，就可以
知道冰雹彈到雲底並再
次彈回的次數！

冰雹的形狀和尺寸

通常當冰雹達到0.5公釐大時，重力會把它拉向地面。但在有強烈上升氣流的暴風雲中，冰雹可以在雲的上部不斷變大，一直到冰雹變得非常大時，才會墜落地面。

彈跳的冰雹有時候會互相黏在一起。這樣的冰雹看起來不對稱，像長有尖刺，稱為「聚合冰雹」。

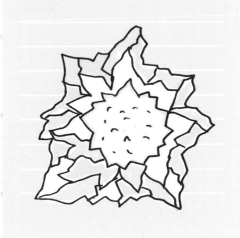

冰雹損害程度表

對應的物品尺寸	冰雹大小	造成的損害
硬幣	2.5公分	打壞木製屋頂
高爾夫球	4.5公分	造成汽車凹痕
柳丁	7公分	造成擋風玻璃破碎
葡萄柚	11.5公分	造成房屋和車頂破洞

雹暴的影響

冰雹會對農業和農作物造成許多損害。即使是小冰雹，也能在幾分鐘內將麥田夷為平地。大豆和玉米也是非常脆弱，易被破壞的作物。

當暴風雨產生出直徑大於兩公分的冰雹時，情況就會很嚴重。嚴重的雹暴會造成重大財產損失，例如使汽車凹陷、擋風玻璃破碎，甚至將屋頂打出洞來。

冰雹很少導致死亡，因為通常有足夠的時間找到避難所，但有時冰雹會造成致命的頭部傷害。

雹暴安全指南

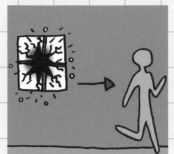

如果在室內，請遠離窗戶，以免窗戶玻璃破裂。

如果真的找不到避難處，請盡可能保護頭部。最糟的情況下，至少還可以拿鞋子來保護你的頭。

如果在室外，請立即找地方避難。最好躲進建築物內，但如果找不到，就待在車內。不要躲在樹下，因為樹可能會被閃電擊中。

如果正在開車，請靠邊停車。用外套包裹住頭部，然後轉身面向汽車，避開窗戶，以保護自己不會被碎裂的玻璃傷害。

世界上有些地區經常出現冰雹。例如印度的季風季節會帶來雷暴和冰雹；澳洲和中國也常出現冰雹。美國中西部的北美大平原地區從三月到十月都是雹暴的季節。

你是說我們這裡有雹暴、雪暴，還有龍捲風？

歡迎來到北美大平原

出乎意料的，夏天其實是雹暴的好發季節。這是因為一年之中較溫暖的時期裡，大面積的雲有更多形成機會，而夏季降下的冰雹很快就會融化，帶來洪水爆發的風險。

最大且最嚴重的暴風雪及雹暴

加拿大，愛德蒙頓雹暴，2004年

北美世紀風暴，1993年

中國冬季雪災，2008年

伊朗暴風雪，1972年

孟加拉，戈帕爾甘傑雹暴，1986年

孟加拉，戈帕爾甘傑雹暴
1986年

難民營地區遭到猛烈的雹暴襲擊，造成九十二人死亡，一艘渡輪傾覆。在這場雹暴中，出現有史以來最重的冰雹，重達一公斤。

加拿大，愛德蒙頓雹暴
2004年

一場持續三十分鐘的暴風雨產生了高爾夫球大小的冰雹，並在地面上留下約六公分厚的冰層。冰雹的重量甚至導致購物中心的玻璃屋頂破碎。

伊朗暴風雪，1972年

這場歷史上最致命的暴風雪，為伊朗南部阿爾達坎周圍的村莊帶來超過五公尺厚的積雪，將村莊完全掩埋，造成約四千人死亡。

北美世紀風暴，1993年

這場大風雪也被稱為「大雪暴」，從加拿大一直延伸到洪都拉斯，最南端到達阿拉巴馬州，帶來創紀錄的低溫、電力中斷，以及高達三十三公分厚的降雪。共有約兩百人在這場暴風雪中喪生。

中國冬季雪災，2008年

一系列冬季風暴和暴風雪襲擊中國中部和南部地區，摧毀約二十萬棟房屋，並造成兩百多人死亡，同時也造成許多農作物損失，導致發生糧食短缺問題。

星火燎原的野火

野火是具破壞性且不受控制的大規模火災，會在林地或灌木叢中迅速延燒。這種火災會因為發生的地點不同而有不同稱呼，包括森林大火、草原大火或叢林大火等。燃燒時間可以持續數週，甚至數月，並摧毀大片土地和其中所有的野生動物。

因為氣候變遷的關係，美國加州的野火規模變成從前的五倍大。

最常發生野火的地區氣候大多潮溼，適合大量植被生長，但那些地區也有炎熱、乾燥的季節。世界上常發生野火的地區包括美國加州、南非西開普省、澳洲和東南亞。

野火是如何發生的？

約百分之八十的野火都是人為引起。營火、丟棄的菸蒂、燃燒中的垃圾、煙火和電氣設備的火花等，都可能引起火災。屬於自然現象的閃電和火山噴發也可能引發火災，特別是在非常偏僻的地區。

要引起任何火災，都必須具備這三個要素：燃料、氧氣和熱源。消防員稱它們為「燃燒三要素」。

- 「**燃料**」是指助燃的材料。發生野火時，燃料通常是植物，例如乾樹葉、樹枝、草等。
- 空氣中的「**氧氣**」與燃料內儲存的能量相互作用，產生熱能。
- 接著，「**熱源**」會除去附近植物中的水分，使植物變得易燃，並繼續以上循環。

想要防止火勢蔓延，必須移除其中一個要素才能阻止燃燒。

野火蔓延

野火一旦竄起，有些因素可能會
導致火勢更快蔓延。

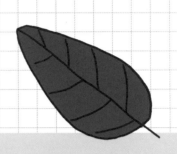

溫度

長時間的炎熱狀態會使植物乾枯，成為火
災的理想燃料。許多野火都在下午開始，
因為這通常是一天中最熱的時間。

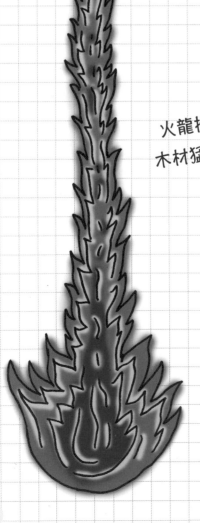

火龍捲會將著火的
木材猛力拋向遠處。

風

乾熱的風會推動火勢蔓延，為火提供更多氧氣。如果風向突
然改變，火就會「跳」到新的區域，這樣的火源有時候會是
火球的形狀。

非常猛烈的野火會自行產生風，導致「火龍捲」現象，就像
是捲入旋轉熱能的龍捲風。

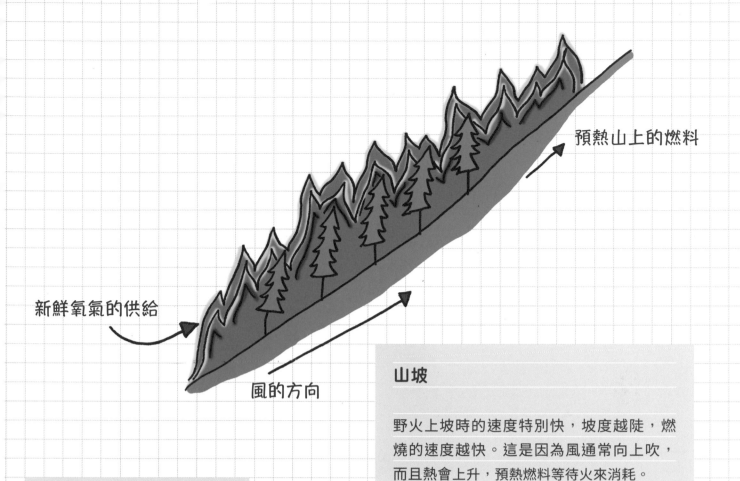

預熱山上的燃料

新鮮氧氣的供給

風的方向

山坡

野火上坡時的速度特別快,坡度越陡,燃燒的速度越快。這是因為風通常向上吹,而且熱會上升,預熱燃料等待火來消耗。

燃料

一個區域內的易燃材料數量稱為「燃料量」。某些類型的燃料會特別易燃。水分充足的植物和樹木能減緩火勢,而乾草、枯葉和乾燥的灌木則會加速火勢。

有些樹木,例如桉樹,已經進化到能夠在火災中生存,甚至助長火災,這樣能消除來自其他樹種的競爭,像桉樹就含有容易燃燒的易燃油脂。

桉樹的葉子容易著火,
而且,當火燒過桉樹葉時,
能在不傷害到樹幹的情況下
繼續往下一棵樹前進,
火經過之後,桉樹就會重生。

野火的類型

野火有三種，一場大規模的野火會同時具有這三種類型。

地下火

火源是土壤中的有機質，例如泥炭。這種緩慢燃燒的火災發生在潮溼植被層的下面。

地表火

會燒毀地上的草、乾樹葉、嫩枝和樹枝。這種火災的燃燒溫度低於樹冠火，並且會根據環境情況緩慢或快速延燒。

樹冠火

在樹頂燃燒，是最引人注目的火災。巨大的火焰從一棵樹的樹冠跳到另一棵，如果有乾熱的風向前吹，火勢會迅速蔓延。

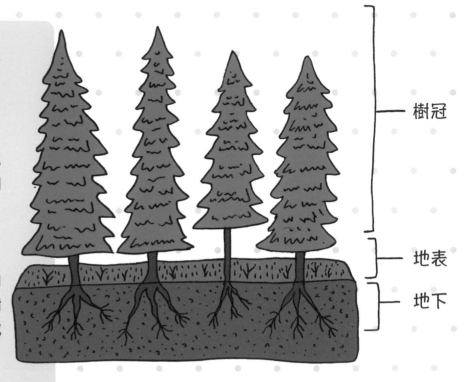

樹冠

地表

地下

野火不一定是壞事，也可能是一種更新自然循環的方式。有些生態系統仰賴火災來燒掉死亡和腐爛的物質，為新生植物騰出生長位置。規模較小的野火會燒掉乾燥的灌木叢，以免釀成更大的火災。許多植物被燒掉後很容易重新生長，而且有些種子就是需要高溫來燒掉堅硬的外殼，並在富含灰燼的土壤中找到適合萌芽的家。

現今的問題是，隨著全球暖化，野火變得更加普遍、更加猛烈。一場到處肆虐的巨大野火會燒掉土壤中所有的養分，使植物更難恢復生長，並使山坡變得一片荒蕪，容易受到侵蝕，然後，入侵的植物物種就能在那裡扎根，而它們通常比本地物種更易燃，於是可能會引發更多火災。

如何抵抗火災

森林火災的規模可能非常巨大，並且可能會迅速改變方向，極其難控制。有時需要數週，甚至數月才能完全撲滅森林大火。

以下是消防員用來破壞燃燒三要素的幾種方法：

利用一種叫「空中加油機」的特殊飛機，灑下水和阻燃劑撲滅大火。

為了除去燃料，會使用推土機清理火災周圍的土地，這稱為「防火線」。

消防員從飛機上跳下來撲滅小火，阻止火勢蔓延。他們也會引火回燒。這種火是受到控制的小火，會向主要火場的方向移動，消耗所有燃料，以防止更大的火發生。

野火的影響

火災一旦開始，就會以時速二十三公里左右的速度延燒，吞噬經過的一切。幾天之內，火勢就能摧毀廣闊的森林生態系統，奪去其中的所有植物和動物的生命。肆虐的野火也會破壞行進路徑上的村莊和城鎮。

野火安全指南

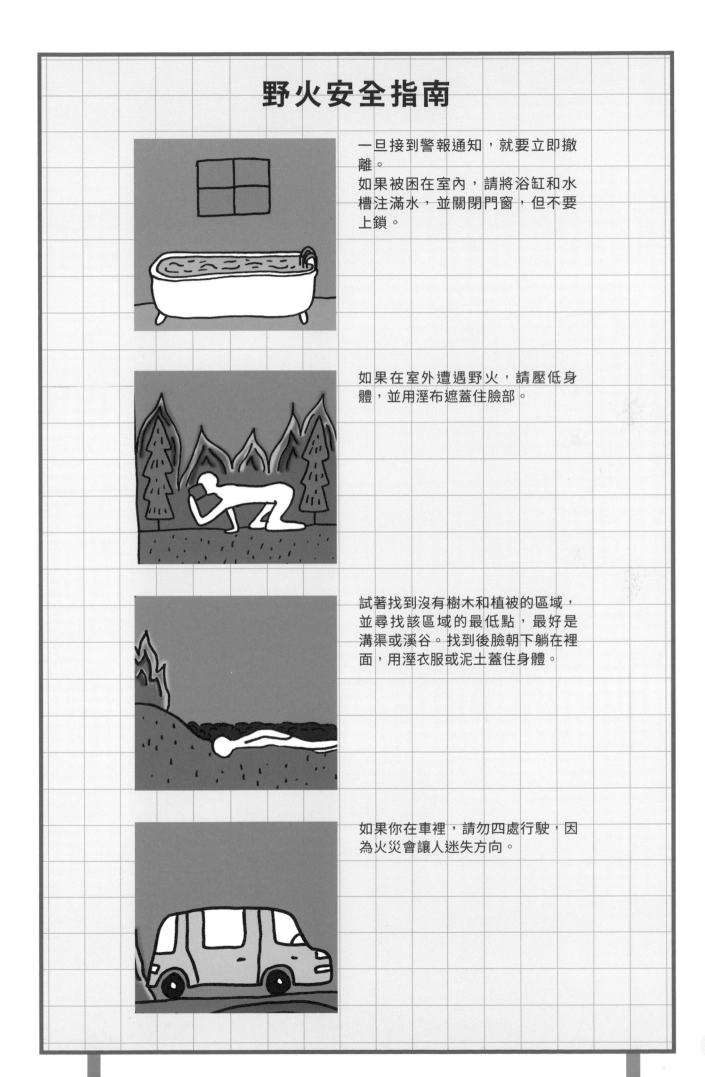

一旦接到警報通知，就要立即撤離。
如果被困在室內，請將浴缸和水槽注滿水，並關閉門窗，但不要上鎖。

如果在室外遭遇野火，請壓低身體，並用溼布遮蓋住臉部。

試著找到沒有樹木和植被的區域，並尋找該區域的最低點，最好是溝渠或溪谷。找到後臉朝下躺在裡面，用溼衣服或泥土蓋住身體。

如果你在車裡，請勿四處行駛，因為火災會讓人迷失方向。

最大且最嚴重的野火

加拿大西北部大火，2014年

美國，加州門多西諾複合大火，2018年

亞馬遜雨林野火，2019年

印尼森林野火，1997年

在那一整年中，大火席捲了印尼的森林，摧毀超過九萬七千平方公里的森林，向大氣中排放了二十六億噸二氧化碳，並在這場有史以來最大的火災中，造成兩百四十人死亡。導致這場火災的原因，來自一項為了將森林改為棕櫚樹種植園而加以砍伐及沼澤地排水的大型計畫。

澳洲黑色星期六大火 2009年

強烈熱浪過後，一系列叢林大火席捲了澳洲的維多利亞州，造成一百八十人死亡、五百人受傷、兩千棟房屋被毀。高達四千五百平方公里的叢林付之一炬。

美國，加州門多西諾複合大火，2018年

當時兩場大火席捲美國北加州，摧毀一千九百平方公里的土地，並花了兩個月時間才獲得控制。這場加州史上最嚴重的森林火災並未導致人員喪生，但對環境造成了大量破壞。

亞馬遜雨林野火，2019年

橫跨巴西、玻利維亞、巴拉圭和秘魯的亞馬遜雨林爆發大規模野火，至少損失了兩萬平方公里的雨林。人們懷疑，當時的許多火災是為了清理土地以進行耕種而故意縱火所導致的。

印尼森林野火，1997年

澳洲黑色星期六大火，2009年

氣候變遷與自然災害

我們平常說的「氣候」，指的是一個地區連續三十年之間的天氣狀態。

樹木會吸收二氧化碳，但是人們為了增加農地面積，大量砍伐雨林。

我們的星球有著一套平衡全球氣候的巧妙系統。地球周圍有一層氣體，稱為大氣層。大氣層困住一部分來自太陽的熱能，同時又釋放另一部分出去，如此能防止地球變得太熱或太冷。但是在過去幾個世紀裡，地球開始快速變暖，比我們所知的過去任何時期都要快。

這個現象的原因是人們製造出稱為「溫室氣體」的氣體。這些氣體允許熱能進入大氣層，但卻不允許熱能逸出，導致地球溫度升高，氣候發生改變。其中一個主要的溫室氣體是二氧化碳。人們使用化石燃料為汽車、發電廠和工廠提供動力，然而，燃燒石油和天然氣等化石燃料時，都會釋放出二氧化碳。

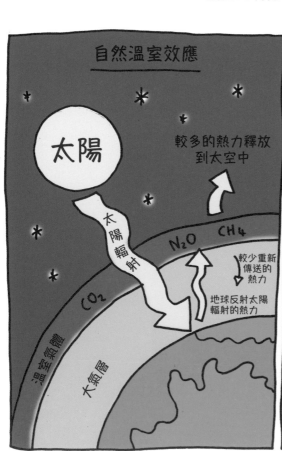

自然溫室效應

太陽

較多的熱力釋放到太空中

N_2O CH4

太陽輻射

較少重新傳送的熱力

地球反射太陽輻射的熱力

CO_2

溫室氣體

大氣層

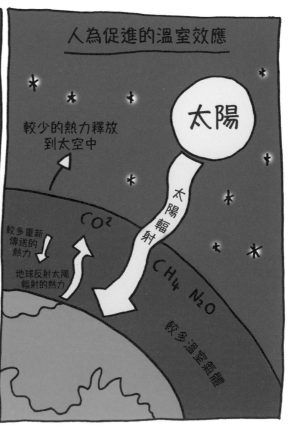

人為促進的溫室效應

較少的熱力釋放到太空中

太陽

CO^2

太陽輻射

較多重新傳送的熱力

地球反射太陽輻射的熱力

CH4 N_2O

較多溫室氣體

氣候變遷與氣象災害

隨著地球暖化，我們將目睹更多極端氣候。

洪水

極地冰蓋融化，海平面將會隨著上升，導致許多沿海地區發生洪水，暴潮和漲潮將變得更加常見。在地球逐漸暖化的過程裡，更多水蒸氣將被釋放到大氣中，讓威力強大的風暴有更多機會形成。

乾旱

乾旱是指持續數月或數年的長期乾燥天氣。植物在乾旱期間死亡，會直接影響依賴該植物為生的野生動物。乾旱也影響到依賴農業獲取食物的人類。

農作物死亡會導致糧食短缺，有時甚至導致飢荒。想找到乾淨的飲用水變得越來越困難，進一步導致疾病和健康危機。

現在偶爾發生乾旱的地區，未來可能會開始規律的發生長期乾旱。

暴風雪、雹暴和雪崩

研究人員認為，氣候變遷將使冬天變得更短，但同時也變得更嚴酷。空氣中多餘的水氣很可能會激起巨大的暴風雪和雪暴。風的類型改變可能意味著，來自北極的冷空氣會比從前擴散到更遠的南方，讓以往通常不會經歷雪暴的地區發生暴風雪。

龍捲風

隨著空氣中水氣增加，風暴可能會變得更加常見且更加強烈，但目前還無法確定氣候變遷對龍捲風活動會產生多大的影響。

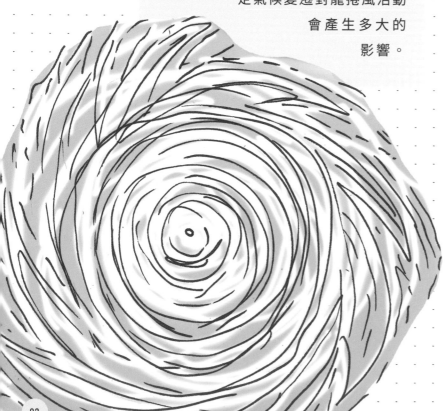

熱帶氣旋

科學家不確定熱帶氣旋的生成是否會因為氣候變遷而增加，但他們已經可以預測熱帶氣旋會因為氣候變遷而增強。隨著海洋溫度上升，熱帶氣旋將有充足的燃料可以消耗和生成。已有研究表明，過去二十多年來，北大西洋上颶風的平均強度有所提升，並且會繼續增強。

氣候變遷與地質災害

很顯然的，氣候暖化會導致天氣模式轉變，以及帶來更嚴重的氣象災害，而且看起來也會使地質災害的型態更多變。

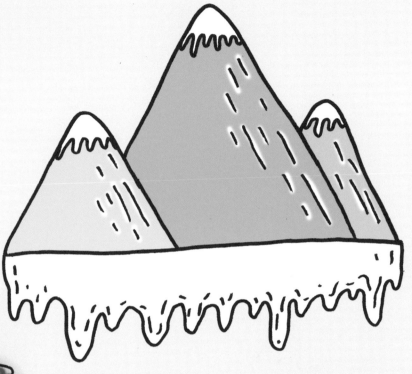

地震和海嘯

極端氣候事件和地震之間很可能有著某種程度的關聯，例如颶風或颱風帶來大量降雨後，經常會發生地震。科學家認為，這可能是因為洪水改變了地殼的壓力，使斷層更容易移動。如果未來熱帶氣旋強度持續增加，可能會導致更多地震。

我們的星球上一次經歷嚴重暖化，是在最後一次冰河時期的末期，也就是大約一萬五千年前。上升的氣溫融化了大冰蓋，這個現象對斷層釋出壓力，最後引發一系列高達規模8的地震，數十座被冰雪覆蓋的巨型火山也再次變得活躍。

在格陵蘭島，類似的情況也正在發生。冰蓋以每年約兩千七百二十億噸的速度融化。如果冰蓋的融化啟動地震斷層，可能會導致海嘯席捲北大西洋，進而襲擊人口稠密地區的海岸。

火山

目前地球上約有百分之十的活火山被冰雪覆蓋。若冰雪融化，岩漿會上升到地表。除此之外，融化的冰還會導致火山的山坡上發生大規模山崩，破壞岩漿庫的穩定，並增加噴發的可能性。

接下來會發生什麼事？

貧窮問題較嚴峻的國家人民受天災影響最深。品質低劣的建築和基礎設施，意味著受到天災的破壞更嚴重，救援速度更慢，也更難協調。儘管這些國家對溫室氣體排放的責任最小，但氣候變遷和極端事件帶來的痛苦，卻由這些地方的人民承受最多。

我們的世界正面臨著前所未有的環境挑戰。這是一場與時間的賽跑，目標是減少溫室氣體排放，並拯救我們的星球以及生活於其中的所有物種。

索引（依筆畫排列）

延伸閱讀網站 （小漫遊編輯室整理）

學習資源網站
· 中央氣象署數位科普網　https://edu.cwa.gov.tw/popularscience/
· 臺灣地質知識服務網　https://twgeoref.gsmma.gov.tw/
· 悠游數位海洋行動學堂　https://mscloud.nmmst.gov.tw/

政府、學術網站
· 交通部中央氣象署　https://www.cwa.gov.tw/
· 國立自然科學博物館　https://www.nmns.edu.tw/ch/
· 中央研究院地球科學研究所　https://www.earth.sinica.edu.tw/
· 臺灣地震科學中心　https://www.earth.sinica.edu.tw/
· 國家災害防救科技中心　https://www.ncdr.nat.gov.tw/

· 聯合國氣候變化綱要公約 https://unfccc.int/zh

現代人享受著科技帶來的方便，卻也因此造成氣候變遷，尤其是溫室氣體排放，是急需面對與解決的問題。為此，聯合國在1992年制定了「聯合國氣候變化綱要公約」(CCNUCC)，並且從1995年開始，每年都召開「聯合國氣候變遷大會」(United Nations Climate Change Conference)來評估各國的實施進展。

驚天動地的地球科學大百科

EARTH SHATTERING EVENTS: VOLCANOES, EARTHQUAKES, CYCLONES, TSUNAMIS
AND OTHER NATURAL DISASTERS

作　　　者　羅賓‧雅各布斯 (Robin Jacobs)
繪　　　者　蘇菲‧威廉姆斯 (Sophie Williams)
譯　　　者　張毓如
封 面 設 計　許紘維
內 頁 構 成　陳姿秀
特 約 編 輯　劉握瑜
行 銷 企 劃　劉旂佑
行 銷 統 籌　駱漢琦
業 務 發 行　邱紹溢
營 運 顧 問　郭其彬
童 書 顧 問　張文婷
第 四 編 輯 室　張貝雯
副 總 編 輯

出　　　版　小漫遊文化／漫遊者文化事業股份有限公司
地　　　址　台北市103大同區重慶北路二段88號2樓之6
電　　　話　(02)2715-2022
傳　　　真　(02)2715-2021
服 務 信 箱　runningkids@azothbooks.com
網 路 書 店　www.azothbooks.com
臉　　　書　www.facebook.com/azothbooks.read
服 務 平 台　大雁文化事業股份有限公司
地　　　址　新北市231新店區北新路三段207-3號5樓
書 店 經 銷　聯寶國際文化事業有限公司
電　　　話　(02)2695-4083
傳　　　真　(02)2695-4087
初 版 一 刷　2024年4月
定　　　價　新台幣499元（精裝）

ISBN　978-626-98355-2-2
有著作權‧侵害必究

◎本書如有缺頁、破損、裝訂錯誤，請寄回本公司更換。

國家圖書館出版品預行編目 (CIP) 資料

驚天動地的地球科學大百科 / 羅賓‧雅各
布斯 (Robin Jacobs) 著 . 蘇菲‧威廉姆斯
(Sophie Williams) 繪 . 張毓如譯 -- 初版 . --
臺北市：小漫遊文化，漫遊者文化事業股份
有限公司 , 2024.4
96 面 ; 21x28.5 公分 . --
ISBN 978-626-98355-2-2（精裝）
1.CST:
428.8　　　　　　　　　　112013882

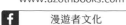

漫遊，一種新的路上觀察學
www.azothbooks.com
漫遊者文化

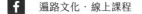

大人的素養課，通往自由學習之路
www.ontheroad.today
遍路文化‧線上課程